活 出 自 己

世界那么大，我要去看看

王奕鑫　编著

团结出版社

图书在版编目（CIP）数据

世界那么大，我要去看看 / 王奕鑫编著 . -- 北京：
团结出版社 , 2019.4（2023.11 重印）

（活出自己）

ISBN 978-7-5126-7048-8

Ⅰ . ①世… Ⅱ . ①王… Ⅲ . ①人生哲学—通俗读物

Ⅳ . ① B821-49

中国版本图书馆 CIP 数据核字（2019）第 082307 号

出　版：团结出版社

　　　　（北京市东城区东皇城根南街 84 号　邮编：100006）

电　话：（010）65228880　65244790（出版社）

　　　　（010）65238766　85113874　65133603（发行部）

　　　　（010）65133603（邮购）

网　址：http://www.tjpress.com

E - mail：zb65244790@vip.163.com

　　　　tjcbsfxb@163.com（发行部邮购）

经　销：全国新华书店

印　刷：金世嘉元（唐山）印务有限公司

开　本：145mm×210mm　32 开

印　张：6 印张

字　数：110 千字

版　次：2019 年 4 月　第 1 版

印　次：2023 年 11 月　第 2 次印刷

书　号：978-7-5126-7048-8

定　价：29.80 元

（版权所属，盗版必究）

前　言

　　"世界那么大，我想去看看"曾是一句传遍大江南北的流行语，它好似在每个人的脑海中都徘徊过一阵子，但人们终究走不出让他们焦头烂额的生活，只得在家中的沙发上幻想着外面的世界。我们都想迈出自己的舒适圈去偌大的世界瞧一瞧，却也都只是想想罢了。正是因为触不可及，所以，我们想让自己的精神去流浪，在大千世界中，获得对人生的巅峰体验。

　　其实哲人早说了，生命本身就是一场旅行。人这一生，若不能看看这个世界，哪怕没闲过一天，也觉得不够充实。在旅行中，我们改变不了什么，但是，你可以用轻松的姿态活出无可替代的精彩。

　　"世界那么大，风景那么美，机会那么多，人生那么短。"渺小的我们，终究是那匆匆过客，所以何不迈出勇敢的一步，将脑海中那句徘徊已久的话付诸行动呢？人生或许不用太多预测，那些不期而遇的美好，或许才是我们真正想要看到的"世界"。因为"比人生未知的历练更可怕的，是那种一眼就看到老死的时光"。

　　也许无数次的旅行也不能把我们从自己亲手打造的牢笼中解救，但至少有了一个属于自己的江湖，不管是古道西风瘦马，还是小桥流水人家，不管是杏花烟雨江南，还是长河大漠落日，都是属于自己的世外桃源。

　　我们人人都是陀螺，被无形的长鞭驱赶，旋转不止。失去的不只是当下，还有无数个未来。世上陀螺那么多，少你一个人也影响不了地球公转自转。如果你觉得累了，何不偶尔停下来，看看风景，看看这个世界——趁我们还年轻的时候。没有在深夜痛哭过的人，真的不足以谈人生，就像没有见过世界的人，很难有更宽的眼界、更多的感悟一样。

目　录

第一章
拓展人生的视野，不要囿于眼前的世界

譬如蜉蝣，朝生夕死。于是，一天便成了蜉蝣的一辈子。

譬如昙花，夜晚盛放，凌晨凋零。于是，几个小时的绚烂成就了昙花的一生。

人生又何尝不是如此，匆匆数十载岁月，也不过是睁眼闭眼的时间，人生苦短，生命无常。我们都不知道未来的每一天会发生什么。为何不趁自己年轻，多出去走一走，多出去看一看。从现在起，别再囿于眼前的世界，勇敢地走出去，过自己要想的生活。

不要在小世界里卑微地活着

这个世界很大，很精彩，不要总是在自己的小世界里卑微地活着，只有多走走，多看看，才能增加人生的宽度与厚度。

有这么一个实验：往一杯清水里加食盐，开始的时候，食盐快速溶化，甚至很快就肉眼不可见，跟一切都没有发生过一样。但是，如果你一直往里面加食盐，最终，食盐不再被水所接纳。这种现象，我们或许会直观地认为水里已经装满了东西，不再能接纳任何事物了。神奇的是，这时你往里面加糖，却可以继续溶解，不过当糖溶解到一定程度后，也不再溶解了。

这个实验好比我们的人生，我们的生命正如这一杯水，我们不能改变时间的长度，每个人都要经历生老病死，正如杯子的大小决定了水的多少，这是我们不能改变的。但是，我们却可以改变人生的宽度和厚度，正如当食盐也不再溶于水的时候，糖却可以继续溶于水，我们对自己的设限其实很多时候只是我们以为的宽度。

如果说生命的长度是一定的，那么，生命的体积就完全取决你的宽度和厚度了，比如两只青蛙，一只在井底，一只在田野，虽然他们都以昆虫为食，与水为伴，但是他们生命的宽度却是迥异的。坐在井里的那位认为天空大概只有桌子那么大，而他的世界也局限在那一口深井中。如果他说世界就只有这么大，有谁能责怪他吗？而生活在田野的那位，他能看到无边无际的天空，能看到高山远树，丘陵平原，甚至他还可以去江河里游泳，那么他生命的宽度自然与井底那位不可同日而语。

世界上还有这么两种人，一种很薄很宽，但是却一点厚度精度也没有，正如人们常常形容的"样样通，样样松"，就是什么都会一点，什么都不精。这种人很宽广，但是却失于肤浅，所以我们说到拓展人生宽度的时候，绝不是以完全牺牲厚度为代价。而另一种人呢，他们很专很精，心无旁骛，在工作外的其他方面却并不擅长。这类人专而精，甚至伟大，或许他事业上的贡献是无可匹敌的，但是人生的成就并不大。这类天才似的人物，其生命的厚度和精度是让人难以企及的，但是，由于生命过于狭窄，因此，其生命的质量并不高。这两类人离幸福都有一定距离。

如果一个人只有宽度而没有厚度，或者只有厚度而没有宽度，那么，他取得的成就就不会太大，也更加难以适应社会，而相对来说，各方面表现均衡的人总会在人生的海洋中游得更加畅快一些。历史上的确有许多天才类的人物，但是，他们的短板使他们毕生都壮志未酬，固然留下许多佳话，但是对于主人公自身，却是一出道不得的悲剧。

李白少年即有奇志，他的诗也非常豪迈，在他的诗中常常有"长风破浪会有时，直挂云帆济沧海"的壮志流露。但是，由于他自身的放荡不羁，李白最终成了一个民间的流浪诗人，而与他朝思暮想的建功立业相去甚远。

一天，渤海国使者递呈番书，文字非草非隶非篆，迹异形奇体变，满朝大臣，均不能识。玄宗怒道："堂堂天朝，济济多官，如何一纸番书，竟无人能识其一字！不知书中是何言语，怎生批答？可不被小邦耻笑耶！"众皆汗颜，正为难间，玄宗想到李白，即召入宫，李白却识得番文，宣诵如流。玄宗大悦，即命李白亦用番字草拟一道诏书。李白欲借此机会奚落高力士，乞请高力士为他脱靴。玄宗笑诺，遂传入高力士。高力士一直是玄宗身边最亲近之人，官封冠军大将军、右监门卫大将军、渤海郡公，权势熏天，怎肯受此窘辱，只因玄宗有旨，不便违慢，没奈何忍气吞声，遵旨而行。李白非常欣慰，遂草就答书，遣归番使。

高力士对此事一直耿耿于怀，但李白正受玄宗所宠，他不好直接在玄宗面前诋毁李白，继而转向贵妃。一天，高力士与贵妃谈及诗歌，劝贵妃废去清平调。贵妃道："太白清才，当代无二，奈何将他诗废去？"高力士冷笑道："他把飞燕比拟娘娘，试想飞燕当日，所为何事？乃敢援引比附，究是何意？"贵妃立时变色。原来唐代妇女以丰满为美，贵妃亦不例外，而汉代妇女自皇后赵飞燕始，以纤瘦为美，汉成帝生怕大风把赵飞燕吹走，还专为她建了一座七宝避风台。玄宗尝戏语贵妃道："似汝当便不畏风，任吹多少，也属无妨。"贵妃知玄宗有意讥嘲，未免介意。女人心胸狭窄，贵妃受高力士挑拨，认为李白作诗嘲讽自己体形偏胖，不由得忌恨起李白来。

自此贵妃入侍玄宗，屡说李白纵酒狂歌，失人臣礼。玄宗虽极爱李白，奈为贵妃所厌，也只得与他疏远，不复召入。李白知为高力士报复，亦对李林甫把持的朝廷失去信心，天宝三载，李白恳求还归故里。玄宗赐金放还，李白遂又浪迹四方去了。

历史上像李白这样怀才不遇的人不少，他们往往在某一方面有着惊人的造诣，却也往往有着惊人的性格缺陷。不妨设想一下，以李白之才，倘若具有一点官场人的处世智慧，又以唐明皇对他的宠爱，做一任宰相，实现他的政治抱负也不是不可能的事。但是，我们的天才李白在处世的时候太天真，因此，历史上多了一位伟大的诗人，却少了一位卓越的政治家。

对于人生的筹划，其长度是不由我们自己控制的，但是对于人生的宽度和厚度，应该由我们自己来掌握。当生命向前流淌的时候，其宽度和厚度应该由我们逐渐拓宽掘深，这样，我们的价值才有可能最大限度地体现出来，离幸福也会越来越近。

打开窗户，阳光就会洒进来

世界是无垠的，然而，我们却总是囿于自己的空间里，仿佛藏身在自己织就的茧里，我们所看到的不过是方丈之地，呼吸的不过是回忆的阴霾。外面的世界阳光灿烂，星光无限，但是我们的生活里却缺少一面面向世界的窗口。

那些没有见过阳光的人，是可悲的。正如某大学的一名学生，他残忍地杀害了室友。是什么使他做出如此丧心病狂的事情呢？作为天之骄子，在国家和社会需要他的时候，他鲁莽的行为却将自己摧毁了。也许住在象牙塔久了，各种竞争和压力如影随形，升学、学分、歧视等等在他狭小的世界里拥挤不堪。最后他被自己逼迫到了崩溃的境地。这不禁引起我们的深思：是什么让一个人的视野与格局变得如此之小？

如果，只是如果，这位学生能打开他的心扉，和他的室友能够经常沟通，关系就会更加和谐，如果他更多地接触外面的世界，领略到人生的别样精彩还会发生这样的悲剧吗？毋庸置疑，他是狭隘的，他把自己关在狭小的空间里，甚至不愿意开窗看世界。这种作茧自缚的人，怎么能形成心灵的大格局，怎么能拓展自己的视野呢？

不要一味活在自己的世界里。本来有一扇窗户通向幸福，我们却常常不自觉地关上了它。我们之所以时常茫然，时常丢失了自己，是因为忘记了享受阳光，不管生活对我们仁慈还是残酷，那都是一种给予，就因为是"给"，而不是"取"，所以我们都要去面对。选择积极的生活方式吧！既然我们不能停止生命的车轮，就应该让它走得更轻松一些，不要忘了去欣赏沿途的风景。

　　阳光就在窗外，只要打开窗，阳光就会洒进来。人生寒暑交替，风雨常来，我们的路也从来不是平坦的，泥泞和坎坷必定会伴随我们终生。但是，我们要坚信，阳光就在那里，永不远去，只要心里充满阳光，那么阴霾将离我们远去。一切的悲伤抑郁必将风轻云淡。所以，我们要打开心窗，把阳光"迎接"进来，拂去心灵的灰尘，晒干记忆的阴晦，带走心中的徘徊，消除心头的烦恼，一起与幸福快乐腾飞！始终坚信晴天总比雨日多，要去享受生活。也许你什么都没有，但拥有快乐，你就是这个世界上最富有的人。

除了读书，还要学会"走路"

当下确确实实有一种错误的观点，那就是"读书无用论"。在一些人看来，古代十年寒窗之后，一举成名便意味着地位和财富，以及由此带来的诸多幸福。但是，曾几何时，即便是天之骄子，也不免毕业即等于失业，而家长为了孩子教育付出的成本与其产出往往并不总成正比，于是便有了种种鄙薄知识分子、看轻知识的倾向。

其实，读书无用论也绝不是当代的新生事物，早在春秋时期，孔子的学生子路就提出过"以此言之，何学之有"的疑问；五代后汉时，大臣们曾吵过一架。一个说："安定国家在长枪大剑。安用毛锥？"另一个说："无毛锥则财赋何从可出？"而为毛笔辩护的人却一样瞧不起知识分子。黄巢入长安建立齐朝后，"有书尚书省门为诗以嘲贼者"。结果是"大索城中能为诗者，尽杀之。识字者执贱役。凡杀三千余人"。至于焚书坑儒的事情就更不必说了。新中国成立后，在"文革"时期，也由于有了"知识越多越反动"的错误论断，造成了全民普遍轻视教育，知识分子被视为"臭老九"的奇怪现象。

这么多人都仇视读书，那么，读书真的没有用吗？人们往往拿一些初识文字的企业家来为不读书辩护，言必"某某老板大字不识，难道没你混得好"？这种说法是极不负责任的，首先，时代造英雄，改革开放是一次黄金的机遇，一些人抓住了，并非因为他没有知识才能抓住机遇，而那个时代，人们受教育的水平普遍低。另外，这些企业家在生活和工作中，也在不断加强学习，有人见过连申请都看不懂的老板吗？所以说，也许书本知识跟能力无直接关系，但起码，书本知识跟一个人的见识有关系。因为读过书，你的眼界才更加开阔,所谓"秀才不出门,能知天下事"就是这个道理。古人云:"书犹药也,善读之可以医愚。"一个人如果多读点书,提高素养,那么能力会有一个质的飞跃。同样智力水平的人,也是"腹有诗书气自华"。两个人从事同样工作时,成绩一样,一旦工作变得有挑战性,读过书的人就会脱颖而出。读书依然有改变命运的力量。当然,这种力量的显露需要机会,有的人也许得不到这个机会,但不读书意味着机会来了,你都无力把握。

当然,一个人除了要读书,还要"走路"。表面看起来,读书与走路是不太相干的两件事情。但是,把二者放在一起,就有一定的现实意义,也充满辩证法。知识是一片广阔的海洋,没有人能胸怀所有知识,同样,万事万物之理也是随手可拾,但是,却没有一个人能参透所有的真理。正如天下人走天下路,但是却没有一个人能走完所有的路。想想看,造物主赠送给我们每一个人的礼物都一样,是一张一次性的单程船票。握了这张票据,我们便踏上了几十上百年的人生之路。自古以来,在这条绵延的路上有人走得好,有人走得不好。但有一点是共同的,无论是谁,走出一步便少了一程。规则是残酷的。残酷的规则却在走得好的人那里游刃有余。陶渊明扶锄戴笠,耕读传家,步入了人生的至高境界。蒲松龄憎恶科举,寄情聊斋,以读书写书为乐,享誉后世。诗仙李白,浪迹江湖,吟出了书斋里抠不出来的千古佳句。徐霞客一生踯躅山野沟壑,走遍大江南北,他留下的就不仅仅是足迹,而是硕硕的丰功伟绩了。庄子有句名言:"吾生有涯而学无涯。"朝廷聘他为相都他也不为所动,全身心都用来做学问。于是,虽然作为物质的人,庄子入土为安走了已经两千多年;但是作为精神的人,汪洋恣肆、宏旨玄妙的庄子却一直长留人间。这样的例子几乎排满了人类的社会发展史。所以说,既然人寿有限,生也有涯,我们就该满打满算,细打细算,尽可能去享受到生命的全部内容，把一生的路走稳走好。这样，读书便和走路紧紧牵扯在了一起。

在春秋时代，楚国的俞伯牙，跟随著名琴师成连学习弹琴。成连看他天分极高，便倾囊相授，经过了三年的苦学，伯牙的琴艺已经尽得了师父的真传。可是弹起琴来，伯牙总觉得琴声中还缺少了点什么。为了这个瓶颈，他感到非常的苦恼。他知道如果这一关冲得破，他便是一个杰出的妙手，否则，充其量不过是一个乐"匠"而已呀。有一天成连跟他说道："伯牙啊！你所少的只是那么一点儿神韵啊！但这是一种境界，是无法言传的。我的师父方子春，住在东海的蓬莱岛上，他可以帮你，我们一起去请教他吧！"

于是师徒两人来到了海上的蓬莱岛，这时成连因为要去别处接方子春回来，便命伯牙在岛上等着。伯牙一个人在孤岛上，开始时只能在海边踱来踱去，焦急地等待着师父回来。但是慢慢地，在每天的日升月沉、潮起潮落之中，他沉静下来了。有一天，他觉得有满怀的心事，要和大海谈一谈。于是他抱着琴来到了海边，缓缓地拨动着琴弦：只听见琴声随着海风，或缓或急，海浪也随着琴声，或高或低，在和整个大自然的互动应和中，所有的一切都消失了，只剩下如天籁般的乐声，时而激昂，时而低沉地充满在整个天地间。一曲终了的时候，伯牙领悟到：原来整个大自然的造化是这样充满了智慧！怎么样才是最美的，最好的，他就怎样呈现。在冥冥中，仿佛有一只神奇的手，在推动着这一切！

这时的伯牙再弹起琴来，只觉得天人合一，悠游自在，而在岛上酝酿多时的乐曲《水仙操》，也谱成了，当他忘我地弹奏《水仙操》时，只听见背后传来一阵爽朗的笑声，原来是师父成连回来了！成连笑吟吟地对他说："伯牙啊！这伟大的自然，已经开启了你的无边智慧，何需什么太师再来画蛇添足呢？"这时伯牙才知道，原来这里根本就没有"太师父"这个人哪！

世上的书分两种：有字之书和无字之书。"读万卷书"，说的是读有字的书；"行万里路"其实说的也是读书，但读的是无字的书。前者也可以理解为理论，后者当然就可以理解为实践了。理论可以指导实践，但不能代替实践。既读有字之书，又读无字之书，坚持理论和实践相结合，就像鲁迅说的，从天下万事万物而学之，用自己的眼睛去读世间这部活书。一个人能做到这样，自然会比常人不知高明了多少倍。古往今来，多少人想登上这个高峰，但能够登顶的总是凤毛麟角。正是这些高明的非常之人，干出了非常之事，才把历史一程一程往前推动，代代相续，车轮滚滚。我们的老祖宗伏羲姬昌，把在黄河、洛河岸边走路的思考，凝练成《周易》。发明二进制的德国数学家莱布尼兹，就是从这里面看到了中国人早在数千年前就闪耀的二进制智慧。二进制意味着什么呢？意味着电脑的诞生。而电脑改变了现代人的整个生活进程。

世上所有的美好莫过于此：微风在后，阳光在前，好书在手，朋友在旁。学问就是路，脚下就有学问。

站得高，才能领悟到生命的精彩

人生总是一个向上的过程，从我们懂事开始，总会有一定的追求：一颗糖、一张奖状、一个很好的职位、一部好车等。所以，人生从来不是停滞不前的。古人云"求其上者得其中，求其中者得其下"，如果只是追求随遇而安，也许眼前的安逸也保不住。

要看到更美的风景，要领略更精彩的人生，要开启更大的视野，就要走更远的路，站在更高的地方。"欲穷千里目，更上一层楼"，不仅是一个浅显的生活常识，也是一种积极向上的精神境界，更是一种豁达潇洒的人生态度。它告诉我们：在人生道路上，要站得高些，更高些，才能真正领悟到生命的精彩。如果甘于平庸，过着琐碎的生活，处在境界的底层，将会错过生命中很多优美的风景。

在《庄子·秋水》里记载着这样一位目光短浅的河伯，秋天的雨水应时而来，众多大川、小溪的水都灌注到了黄河，随着水流加宽，两岸与河中沙洲之间的距离越来越宽，站在河岸边连沙洲上的牛马都看不清。于是河伯欣然自得、沾沾自喜，认为天下的壮美都聚集在自己身上。他顺着水流向东而去，来到北海边，面朝东望去，看不见水的尽头，于是才改变自己先前扬扬得意的脸色，抬头仰视着，叹息着说："俗语说，'听了上百条的道理，认为天下谁都不如自己'，说的就是我啊！"

这位河伯可以说是一位短视的神，但是，他看到大海后，能幡然省悟，认识到自己距离伟大和崇高还差得很远。而有的人，永远是井底之蛙，跳不出自己的世界，自然谈不上更上一层楼了。在明代有一位才子叫唐伯虎，他少年成名，在绘画方面表现出超常的天赋，他拜入当时的大画家沈周的门下学习绘画，因为天赋较高，加上刻苦，他的绘画功夫突飞猛进，因此也得到了老师的赞扬。但是，由此，他也产生了骄傲自满的情绪，沈周看在眼中，记在心里，一次吃饭，沈周让唐伯虎去开窗户，唐伯虎发现自己手下的窗户竟是老师沈周的一幅画，唐伯虎非常惭愧，从此潜心学画。当然，最后他成了一位大画家。唐伯虎的问题不在于他是不是有天赋，是不是努力，而在于他的自满。因此，可以说是不知道天高地厚，当他明白了老师用心后，知道山外有山，学无止境的道理，能够潜心学画，也是非常难得的。比较起来，倒是现实生活中有不少人小富即安，扬扬自得，这类人除了逢人炫耀一番，实则是没有大出息的。

荀子在《劝学篇》里写道："吾尝跂而望矣，不如登高之博见也。登高而招，臂非加长也，而见者远；顺风而呼，声非加疾也，而闻者彰。"可见登高能给人以宽广的视野和开阔的胸襟，对于人全面而客观地去看待问题，无疑是一种极大的助益。为此，人类从来没有停止向顶峰的攀越。现实中的山每年都有许多人去征服，而生活中的许多高峰，也在等待每一个人去征服。

要怎么样才能"更上一层楼"，马不停蹄地去征服下一个高峰呢？登高之路，可能会有捷径。到罗马的路很多，但绝对没有幻想这条路。任何成绩都离不开脚踏实地地去进取。正如古谚语所说"书山有路勤为径，学海无涯苦作舟"，没有事前的积累和拼搏，大自然怎么会那么轻易地把美好景致相送呢？站在低处，虽省心，却只能待在自己狭隘的世界里做着夜郎自大的迷梦，如同坐井观天的可笑青蛙，错过世间的万千风景。如果我们心中能藏有一个"欲穷千里目"的追求，那么哪怕付出艰辛的努力和代价，当到达巅峰的位置时，这种境界之美自是井底之蛙们所不能了解的。

有人认为，人生的登高者都要有登山队员一般的强健体魄。其实不尽然，只要有一颗足够坚强的心和一个永远向上的信念，任何人都能达到自己能力的巅峰。

多少年来，无数贤达先驱，为了一个"登高望远"的理想，不断开拓不断奋进。可以说，整个世界都因为人类的不断地进取而充满生机和活力。"会当凌绝顶，一览众山小"，景致或许能够让视野穷尽，但不断进取之路却是永无止境，这大概也是我们不断探寻登高之道的原因吧！

既然选择了远方，就要风雨兼程

我们生而为人，既是匆匆过客，也是笃定的行者。冥冥之中总会有一种力量牵引我们前行，我们微笑着走过生命中的山一程水一程，风一更雨一更，都只是因为心系远方，而通往远方的路，就在脚下。

汪国真说："既然选择了远方，便只顾风雨兼程。"远方于我们，既是奋然前行的动力，也是难以企及的虚渺。一旦远方已被内心圈定锁紧，这一程，如果没有艰难险阻牵绊脚步，没有凄风苦雨淋湿衣衫，生命便算不得完满，远方，便也失去了其存在的意义。纵然会从惊蛰一路走到霜降，从龟兹一路辗转到长安，也要坚定一意孤行的执念，像鸠摩罗什一般，用枯瘦却有力的手指写下亿万言经卷，用风雨兼程的笃定让生命萦满檀香，让远方不再遥远。

漫漫人生路上，我们或许探不到将来的种种未知，但只要心系远方，再远的地方也会有遮不住的青山隐隐为我们相守。我们或许行不尽路上的种种坎坷，但只要路在脚下，再多的艰难我们也会在见到流不断的绿水悠悠之后得以释然。诚如海子言："我要做远方忠诚的儿子和物质短暂的情人。"世间多纷扰，谬赞诟病有之，微利虚名有之，但只要胸怀青云之志，心系远方之美，这些又何足以称为"拦路虎"，喝令我们停滞不前？于喧喧复嚣嚣之中，我们的选择，当是"贴着黄土慢慢行走"，坚信"心系远方，路在脚下"，便可于默然却奋然之中达于心之所向，让世俗的聒噪在我们的努力面前化为肃然起敬时的鸦雀无声。

就像法国诗人兰波说的那样："生活在别处。"在这个"信仰失落，情感缩水，文化粗鄙"的时代里，心系远方已然成为与名利纠缠不清的现代人心中珍稀的品质。然而较之那些只知倾轧排挤他人不知使自己前进的无知者，更可怕的无疑是那些空谈理想却不付诸行动的白日做梦者，他们以为远方就如百年人生一样可以一眼望去，便让生命消耗在无尽的痴想中，他们忘了：心系远方诚然可贵，但路在脚下，踏实付出才更为可贵。

生而为人，我愿做一个笃定的行者，心系远方，不求解脱，路在脚下，始于此刻。

趁年轻，多走出去看一看

旅行的高度是由你欣赏的目光决定，旅行的深度是由你的心灵决定，不是用金钱和时间来衡量的。如果你钱不多，时间不够，那也只是限制了旅行的长度和舒适度，但不会阻碍你去认识这个世界，发现新的事物。

有人说年轻有资本，有时间。而事实往往是，年老了才有资本和时间。要知道，很多人说退休了就去环游世界，是因为在那个时候才有足够多的资金和闲暇去实践。而大多数人在年轻的时候，都没有足够的财力在不影响正常生活的情况下到处旅游的。预算多的不说，至少几千元还是需要的，这对于还没工作或者刚刚毕业工作薪水不高的人来说都是有很大压力的。

而对于有些经济实力的年轻人来说，他们忙于工作，根本没有空闲时间去旅游。他们想不想去各地旅游啊？当然想啊！可是，他们每天都要上班。一年到头只有一个月的假期，他们还要回家和家人团聚。所以很多时候，他们并不是不想出去走一走看一看，而是觉得，在本该奋斗的年纪，到处游玩是在挥霍自己的时间。

在我们看来，旅行需要花掉不少钱。但旅行不是日常消费，只要及早制订出行计划，你可以有较长的时间来做资金准备，所以，至少一年一两次的旅行，并不会有太大压力。当行走的阅历逐渐沉淀出你的气质，拓展了你的视野，你会明白，旅行绝对是最有用的投资。

不管什么事，不要等到老了再去做。很多人都想着等自己有钱了再去做想做的事情。等有钱了就再去旅行，再去自己想去的地方。

等你有钱了，那你还有空余的时间吗？

　　未知的事情太多了，现在就可以去旅行，不要说没有钱。我们平时努力工作挣钱干吗？不就是为了过更有品质的生活吗？不要等到老了，才发现自己的这一生，除了朝九晚六的工作和平淡无奇的生活，别无波澜。

　　有的人会说，日子过得不是很富足，有什么资格谈旅行，把旅行的钱拿来生活多好。这样的观点当然是错误的，因为旅行就是生活。还有，旅行也不是有钱人的专属消遣，它也适合没钱的你。你可以根据自己的实际情况来制订旅行计划。有时候，我们宁愿拿钱买一大堆零零碎碎没什么用处的东西，也不愿意拿出一笔钱作为旅游资金。

　　更何况，旅行本身是没有穷富之分的，每一次旅行的重点不是花了多少钱去购物或是住了什么样的酒店，而是你在旅行路上的感受，你遇见的人，你遇见的事，沿途经过的风景给你带来的愉悦。

走自己的路，让别人说去吧

与其做一粒微尘不如放手去活一回，走自己想走的路。虽然生活中，你所要扮演太多的角色，很不容易，也很辛苦，虽然在这样的情况下，你渴望有一个人来给你指引方向，但你也要知道，别人的意志始终代表不了你的想法，与其让自己辛苦地活在他人的意愿之中，不如活在自己的想法之中。做一个走自己的路的人。

心理学中有这样一个效应，叫作"他人意志"效应，什么意思呢？就是说，当一个人在心里已经决定一件事儿或是对一件事情已经有了一个较为清楚的认同后，当他身边的朋友超过半数都和他意见相左时，他便会改变自己的想法，甚至是行为，但事实上，他们原来的看法才是正确的。由此我们不难看出，坚持自我也是很重要的事情。

坚持自己的主见，对于我们来说格外重要，为什么呢？还是因为人都是感性的，有时候自己已经做好的决定，就因为别人的几句话就会轻易改变。对大多数人来说，做决定难，坚持自己的决定更难，过于自信是自负，但是盲目听从他人的意见就是糊涂，虽然有些时候，你的决定会被大多数人否定，但对你自己而言，那样的决定却是根据你自己的情况做出的，毕竟最了解自己的人只有你。更何况真理源自少数人，之后才会被多数人所接受，与其人云亦云，不如坚持自己的决定，做发现真理的少数人！

很多人因害怕失败，不愿意承担失败的风险，因而更容易被他人的意见左右，但如果，你做什么事情都要他人点头认同，那你的事情通常就会像尘土一般，绝不会有什么大作为或是成就。

所以说，与其做一粒微尘不如放手去活一回，做一个走自己路的人。虽然生活中，你所要扮演太多的角色，很不容易，也很辛苦，虽然在这样的情况下，你渴望有一个人来给你指引方向，但你也要知道，别人的意志始终代表不了你的想法，与其让自己辛苦地活在他人的意愿之中，不如活在自己的想法之中。做一个走自己的路的人，你所需要面对的事情有很多，最重要的一点就是一定不能人云亦云，要理性对待周围人的意见。

这一点尤其是对于在职场中打拼的我们而言尤为重要，拥有主见的你更容易获得上司的赏识，也会在自己的奋斗中收获同事们的肯定与尊重。对于职场中的你我而言，主见对你来说就像是汽油之于汽车，有了它你才能更好地驰骋在人生之路上，才能让你的上司清楚地知道你的能力，才不会被同事利用成为替罪羊，才能赢得同事们对你的信任和尊重。

孟晖最近大学毕业了，现在他和很多毕业生一样，忙着找工作，不过幸运的是，没过多久，他就在一家国企找到了一份工作。他奉行不耻下问的原则，谨慎认真地对待每件事情，几乎所有的工作他都要咨询一下身边的同事。刚开始同事们处于对新员工的关照还会积极地解答孟晖的疑问，但没过多久，孟晖就发现，同事们都有意无意地躲避他的问题，而上司对他的看法也有所转变，安排给他的工作越来越少。

面对这样的情况，孟晖有点不知所措，回家后心情很不好，他的母亲看出了他的变化，就询问孟晖是不是工作不顺利，于是孟晖就把这几日所遇到的事情告诉了母亲。母亲说："这都是你缺少自己的主见造成的，你这样事事都依赖同事，一来会让他们看轻你的工作能力，二来也会影响你在公司的地位，所以你应该尝试着自己去完成工作。而且现在你也走入社会了，你也应该知道，职场中的争斗也是很恶劣的，你只有有了自己的主见，按照自己的想法去做事情，才能避免走入他人为你设下的圈套，也才能在上司面前更好地发挥自己的长处，展示自己的优点。"

孟晖听着母亲的话，心有所悟。于是，从第二天上班起，他就开始努力改变自己依赖人的坏习惯，并积极地独立完成上司分配给自己的工作。在公司例会上他再也不会人云亦云，而是大胆地将自己的想法说出来，不仅工作能力得到锻炼，而且还给上司留下了非常好的印象，加上孟晖一向一丝不苟的工作精神，不出一年，他不仅提前转正还被提升为项目小组的组长。

其实，生活中，很多人在最初的就业阶段都会遇到如孟晖一样的问题，他们大都很聪明，是父母眼中懂事的孩子，对自己的要求很高，渴望能够在自己的工作范围中脱颖而出，但惧怕尝试，害怕做错，习惯了事事询问他人的意见，依赖性也很强，总是渴望能够听从经验之谈，却完全忽略了自己的决策能力和思考能力。长此以往，他们很容易在工作中成为他人的配角，辛苦地工作得不到应有的回报只能为他人做嫁衣，无法实现自己的理想与抱负。

我们要有自己的主见，尽管听从他人的经验之谈有时可以让你少走弯路，但那只发生在少数事情上，如果你事事都人云亦云，踏着别人的脚印前进，不仅会丧失生活的能力，还会掩埋自己的光亮，让自己生活得庸庸碌碌。

现实中，如果你想要在事业上有所成就，在生活中摆脱"弱势群体"的地位，就一定要有自己的主见。或许，你的力量、独立性都比其他人差一点，但你依旧要坚持自己的原则，过自己的生活。

要做有主见的人，独立地面对生活、工作中的事情，坚持自己的观点，如果你已经思前想后，权衡利弊，那么，走你的路让别人说去吧。即便你可能会因此遭遇挫折，但你也用自己的力量证明给所有人看，你是一个独立、有主见的人，你完全可以用自己的能力去创造属于自己的幸福。

做一个敢于走自己的路的人，独立地决定自己的事情，为自己的生活喝彩。这样，你会赢得更多的快乐与成功，收获幸福的人生！

第二章
勇敢地放下，让生命轻装前行

人生，是一路行走一路放下的旅程。右脚放下，左脚才能前进；能放下多少，幸福就有多少。佛经上说："如何向上，唯有放下。"心灵的内存有限，只好放下过去。释放新的空间，才能装下更多新的美好的东西。放下时的割舍是疼痛的，疼痛过后却是轻松！

而放下的过程，其实也是一种收获。当你紧握双手，里面什么都没有；当你松开双手，世界就在你手中——这便是放下的智慧。

放不下，只会被烦恼困在原地

在前行的路上，放不下，只会被烦恼困住。事实往往证明，只有你离开"现在的"生活，你才会明白你该如何生活。

一个老和尚带一个刚出家的小和尚去山下化缘，小和尚一路上都恭恭敬敬地跟着师父。他们走到一条小河边的时候，看到有一个女孩子站在河边发愁，那个女孩儿很漂亮，同时也穿了一身非常漂亮的衣服。

女孩儿想过河，但又怕弄脏了衣服，于是，站在河边不知如何是好。

得知了原因，老和尚决定背女孩儿过河。到了河对岸，老和尚放下了女孩儿就和小和尚继续赶路。

但是小和尚再不能安心走了。他一直想不明白：师父老是告诫说出家人不能近女色的吗？为什么他就背着小女孩过河呢？……

一路上，小和尚一直困惑着，找不到答案，直到走了20多里地的时候，小和尚才终于忍不住，问道："师父，你不是说我们出家人不能近女色的吗？为什么你就能背那个漂亮姑娘过河呢？"

师父跟他说："其实我过了河就把姑娘放下了，而你却背着她走了20多里地……"

人，最难过的那道坎是自己给自己设下的。如果你不给自己烦恼，别人就永远不可能成为你的烦恼。而生活中的许多人却喜欢给自己的人生加上许多沉重的负担，因而造成自己内心一些无谓的痛苦。

流传于山西民间的智力玩具"九连环"历史非常悠久，它用九个圆环相连成串，以解开为胜。"九连环形式多样，规格不一。玩时，依法使九环全部连贯于铜圈上，或经过穿套全部解下。然而，无论是解下还是套上，九连环都要遵循一定的规则。

其玩法比较复杂，解套方法是在前两环解下后，要解第三环时，需先将解下的第一环再套回，然后才能下第三环，之后再套回第一环；到解四环时，依前法套回前面的三环，再解下开首的前二环，然后才能下第四环，最后又套上开首的前二环。以此类推，每要解开一个环，就必须将前面已解开的环再套回去，直到解到第九环，须将前面所有已解开的环都在套回去。如果解套者在每一步骤中，舍不得把好不容易解下的环套回去，那么这个九连环就无法全部解开。

我们的生活就犹如这个九连环，是一个一个环扣所组成的。如果只贪图眼前的小名小利，只安逸于现有解开的那个环，而不肯放弃，那么就无法再进一步，获得更多的收获；对于悲欢离合的"环"放不下，就会在悲欢离合里痛苦挣扎；对于心中的"环"放不下，生命就会被抑郁套牢。

因为放不下，我们就无法解开人生层层缠绕的环扣，无法解脱。能解套与否，就全在人们的一念之间。因为放不下，所以无法解脱……

我们很多时候羡慕在天空中自由自在飞翔的鸟儿，人其实也应该像这鸟儿一样，欢呼于枝头，跳跃于林间，与清风嬉戏，与明月相伴，饮山泉，觅草虫，无拘无束。这才是鸟儿应有的生活，才是人类应有的生活。人生在世，有许多东西是需要放弃的。但也因为放不下，才使得人生平白多了那么多的烦恼。

有一位商人曾经有过这么一段经历。一次出差他在一个小城里的旅馆中过夜，吃过晚饭后他回到自己的房里，很快就入睡了。他凌晨3点醒了想抽一支香烟，打开灯，他自然地伸手去找他睡前放在桌上的那包烟，发现是空的。他唯一能得到香烟的办法是穿上衣服，走到火车站，但火车站至少在三千米之外。

他站在床边寻思，一个自认为有足够的理智对别人下命令的人，竟要在三更半夜，离开舒适的旅馆，走过好几条街，仅仅是为了得到一支烟。

他生平第一次认识到这个问题，他已经养成了一个不能自拔的习惯，他愿意牺牲极大的舒适，去满足这个习惯。这个习惯显然没有好处，他突然明确地注意到这一点，片刻就做出了决定。

他下定决心，把那个依然放在桌上的烟盒揉成一团，扔进废纸篓里。然后他脱下衣服，再度穿上睡衣回到床上。几分钟之后，他就进入了一个深沉、满足的睡眠中，自从那天晚上后他再也没抽过一支烟，也没有抽烟的欲望。

日后他常常回忆起这件事，不由得对周围人感叹：一个人如果被一种坏习惯制服，就永远做不了自己的主人。

到底要不要牺牲舒适的环境，花费时间与精力只为得到一支香烟呢？因为最终放下了，故事中的主人公再没有被没烟的烦恼所累，并戒掉了抽烟的坏习惯。

很多时候，好与坏，烦恼与欢乐全在于人的一念之间。放不下，就只有让烦恼纠缠于你；放下了，你就可以获得心灵的宁静与超脱，获得一份闲适，一份安然，一份自在。

其实，人要经历过风雨后才能发现，很多东西还是放下了好，紧握在手里也是徒劳。仔细想想，人生几十年，我们赤条条地来到这个尘世间，最终也将两手空空地离开。尘世间的种种，最终势必成空，功名利禄，繁花似锦，也不过浮眼烟云，昙花一现。只要心无挂碍，你就会看到自由的春莺在啼鸣，就会看到欢乐的泉溪在歌唱，就会看到美丽的鲜花在绽放！

放得下，你会发现沿途鲜花遍地

在竞争日益激烈的现代社会，人们的生活节奏变得越来越快，许多人活得越来越压抑，越来越没有自己的空间。殊不知，就是因为我们对生活索取得太多、惦记得太多，才造成了今天这样的局面。

面对生活，我们总是不停地在索取，就像那个善于背负物体的蜗蜒一样，总是不停地往我们身上加东西，压得我们喘不过气来。其实，抛掉一些对我们无用的东西，让生命轻装前行，你会发现路途中鲜花遍地。

有一个聪明的年轻人，很想在一切方面都比他身边的人强，他尤其想成为一名大学问家。可是，许多年过去了，他的其他方面都不错，学业却没有长进。他很苦恼，就去向一个大师求教。

大师说："我们登山吧，到山顶你就知道该如何做了。"

那山上有许多晶莹的小石头，煞是迷人。每见到他喜欢的石头，大师就让他装进袋子里背着，很快，他就吃不消了。

"大师，再背，别说到山顶了，恐怕连动也不能动了。"他气喘吁吁地望着大师。大师微微一笑："该放下，不放下背着石头怎么能登山呢？"

年轻人一愣，忽觉心中一亮，向大师道了谢走了。之后，他一心做学问，进步飞快。其实，人要有所得必有所失，只有学会放弃，才有可能登上人生的高峰。

我们的一生都在不断地赶路，我们一路走来，每一个路程都会有不同的包袱加在肩头，直到我们不堪重负、无法喘息……在这样的一个旅途中，我们背负的东西越来越多，也越来越沉，生命也成了不可承受之重。

人生也好比登山，山顶就是我们此行的终点站，那里有我们的梦想，有美好的未来，有好多好多的美好祈愿。然而，如果在人生的旅途上，我们也背负着太多的石头上路，那终点也只会是一个遥远的梦。所以，不要轻易被生命中那些美丽的石子所迷惑，让自己的包袱越来越沉，要懂得适时地放开、抛弃，让生命回归本真，让我们人生的旅途因轻松而愉快。

一个青年背着包裹赶路，路途遥远而又漫无目的。一天，年轻人来到江边，望着一望无际的滔滔江水愁眉不展！正在满心忧虑之时，江里来了一只船。摇船老人看他背着包裹很吃力就问："年轻人背着这么大个包裹是要过江吗？"年轻人说："老人家，我满心寻找生命的美好，可为什么却让我越来越无望？我翻越过重重山岭，跨过条条小溪；我的衣服被刮破了，我的双脚磨起血泡，我的鞋子也因为长途的行走而裂开了口子，我的双手双腿都流血不止，我的嗓子因为干渴而沙哑……长时间的旅途让我不堪重负，我为什么还不能实现心中的梦想？"

摇船老人问："你的包裹里装的什么？"年轻人说："包裹里装的东西对我来说真是太重要了。里面装的是我一次次跌倒时的痛苦，一次次受伤后的哭泣，一次次孤寂时的烦恼，一次次失败中的回忆……因为靠着它，我才能走到这儿来。"

于是，摇船老人让年轻人上了船，吃力地摇船把年轻人送过了江。

上岸后，摇船老人说"请你扛了我的船赶路吧！"年轻人很惊讶："什么，你让我扛了你的船赶路？船那么沉，我扛得动吗？"摇船老人微微一笑，说："是的，孩子，你是扛不动它，渡江时，船是有用的，但渡过了江，你就要把船放下继续赶路。否则，它就会变成你的包袱。痛苦、孤独、寂寞、灾难、眼泪、疲惫，这些对人生都是有用的，它能使生命得到升华，但你如果不能离开它，这就成了你人生的包袱，会让你不堪重负。把包袱放下吧！孩子，人生不能负担太重！"

年轻人放下包袱，两手空空地继续赶路。他顿时不觉得累了，他觉得自己的身体轻盈而矫健，仿佛长了翅膀般跃跃欲飞，心情轻松了很多，这样的旅程较之以前，实在是愉悦多了。

人生本就是由一个个旅程拼接而来的，这就需要你在一个个驿站里卸去人生的旧行李，丢弃那些不必要的负累，这样人生才不至于太沉重和痛苦，这样才能真正地欣赏和享受自己的人生。

丢下那些不值得带走的包袱

人生在世，放下并不等于失去，适时地放下会是另外一种拥有。我国著名哲学家老子曾说：欲将夺之，固必予之。丹麦有一句谚语也说：在火中失去的东西，可以在灰烬中得到。

生活中，需要放下的东西有很多，放下不必要的烦恼，你就会收获更大的快乐；放下对名利、金钱的渴望，你就会收获到一份来自心灵的平静。学会放下，是一种人生智慧。

国王与宰相在宫殿里商议事情，正好外面天下大雨，国王随口问道："宰相啊！你说下雨是好事还是坏事啊？"宰相说："好事！陛下正好可微服私访。"又有一次大旱，国王又问："宰相啊！你说大旱是好事还是坏事啊？"宰相说："好事！陛下正好可微服私访。"又有一天，国王吃水果时不小心把小拇指切到了，于是又问："宰相啊！你说我的小拇指被刀切到了是好事还是坏事呀？"宰相说："好事！"于是，国王大怒，将宰相关入地牢。有一天国王独自去打猎，不想却误中土人陷阱被捉，好在因为国王不是全人，缺了一根手指，才免去了被吃掉的厄运。死里逃生的国王回想起宰相的好，赶紧回宫将宰相从地牢放出来，又问宰相："我把你关在地牢里好不好啊？"宰相又答："好！好极了！要不是陛下将微臣关在地牢，微臣恐怕就陪陛下打猎被捉，被土人吃掉了。"

塞翁失马，焉知非福。失去了手指头却保住了自己的生命，失去了自由却避免了被土著人抓住的危险。生活中，任何事物都是有两面性的，放下并不等于失去，失去也不一定就是完全的坏事，放下也有可能是另外一种拥有。

有一个富翁背着许多金银财宝，想到远处去寻找快乐。可是走过了千山万水，也未能寻找到快乐，于是他沮丧地坐在山道旁。一个农夫背着一大捆柴草从山上走下来，富翁说："我是个令人羡慕的富翁。请问，为何没有快乐呢？"农夫放下沉甸甸的柴草，舒心地擦着汗水说："想得到快乐很简单．放下就是快乐呀！"富翁顿时开悟：自己背负那么重的珠宝，老怕别人抢，也怕遭人暗害，整日忧心忡忡，快乐从何而来？于是富翁将珠宝、钱财接济穷人，专做善事，慈悲为怀。这样行善滋润了他的心灵，他也尝到了快乐的滋味。

放下那些纠缠于你心的负累，你才能拥有心灵上的满足与快乐。学会放弃，我们便可以使负重的人生得到暂时的休息，摆脱烦恼和纠缠，使身心拥有轻松悠闲的宁静感觉；学会放弃，我们便拥有了更充沛的精力去做最想做、最该做、最需要做的事；学会放弃，我们便拥有了心灵的一份超越、一份执着和一份自信。

我们每日都在尘世喧嚣中穿梭、忙碌，忙着经营自己的世界，有人可能会为一点得失计较争执，甚至拼得头破血流。更有人沉迷于纸醉金迷的生活，沦陷于物欲横流的世界，不能自拔。人像一只蚕，用厚重的丝将自己一圈一圈捆缚起来！

有一位登山运动员，在一次攀登珠穆朗玛峰的活动中，在6400米的高度时，他渐感体力不支，停了下来，与队友打个招呼后，就悠然下山去了。事后有人为他惋惜：为什么不再坚持一下，再努一把力，就可以跨过6500米的登山死亡线啦。没想到他的回答很干脆："不，我最清楚．6400米的海拔，是我登山生涯的最高点，我一点都不感到遗憾。"

这名登山运动员让我们肃然起敬。现实生活中，我们总是不停地想拔高自己，就怕自己的高度超越不了别人。其实，任何人做任何事情都是有一个度的，人一旦妄想超过这个度，那后果将是不堪设想的。因此，学会停止，悠然下山去，至关重要。学会放下，是对生命的尊重，尊重不就是一块令人肃然起敬的碑石吗？

放下也是一种拥有，懂得放下，丢掉那些不值得你带走的包袱，你才能更轻松地去走自己的路，人生的旅行才会更加愉快，你方才可以登得高、行得远，看到更多更美的人生风景。

放下一些尘世的烦扰，留一份开阔的天空给心灵安个家。快乐与金钱、权势、名声、地位都无关，真正能给我们带来快乐的是一份淡泊的心境！放下你该放手的东西，你便会拥有快乐的人生！

卸下人生中不必要的负累

我们常说：世事无常。在人世间行走，总是会碰到许多现实与虚幻相冲突的时候，也总是会让我们陷入两难的境地。很多东西，一直握在手里，并不一定就好；放手之后，也不一定就不好。当握在手里的这些东西有一天成为你的负累的时候，就一定要放手，放手了，才会给自己一个海阔天空的未来。

有一个富翁，在坐船过河时，由于风浪太大，船被浪打翻了，富翁落入水中。同行的其他人也落入了水中，由于他们本身就没有什么行李，所以都轻松地游到了岸边。

这些人劝富翁放下身上的钱币，这样就可以轻松获救，可富翁不听，仍坚持要背着钱币。富翁在水中拼命地挣扎，到了生命的最后一刻，还是没有放下身下的钱币，最终因气力不支而丢掉了性命。

富翁最终因钱袋丧命，却再没了生命来享受金钱带给他的富足生活了。

历史上有名的勾践"卧薪尝胆""三千越甲可吞吴"的传奇故事也是说明了一时的放下比拥有更重要。

公元前494年，吴王夫差为报父仇与越国在夫椒决战，越王勾践大败，仅剩五千兵卒逃入会稽山。范蠡遂于勾践穷途末路之际投奔越国，他向勾践概述了"越必兴、吴必败"之断言，进谏了"屈身以事吴王，徐图转机"的良策。旋被勾践拜为上大夫，陪同勾践夫妇在吴国为奴三年。

三年后归国，勾践养精蓄锐，暗中训练兵士，终于一雪前耻，拿下了夫差的首级。

现在放下是为了将来更好地拥有。而同样的，助勾践取得霸业的范蠡并没有因为功成名就而头脑发昏，在助勾践成就霸业后就乘着一叶扁舟，载着西施不辞而别了。

范蠡到齐国写信给文种说："蜚（同"飞"）鸟尽，良弓藏；狡兔死，走狗烹。越王为人长颈鸟喙，可与共患难，不可与共乐。子何不去？"文种在收到信后便称病不上朝，但最终仍未逃脱赐死的命运。而范蠡却早早料到这一点，不得不承认，他确实有先见之明。试想，像范蠡这样，功大于国，有恩于君，此乃正踌躇满志，风光人生之时。古今有几人能舍此荣华富贵而去？况君王还许诺裂土而赠。稍差一点的人，听到此话就要高兴得晕倒了。而范蠡却毅然见好就收，急流勇退。也正是范蠡的这一段令人深思的故事，使"鸟尽弓藏"成了中国一个家喻户晓的成语。

人生在世，每个人都会拥有很多，当然也会失去很多。学会放手，放开不属于自己的一切，人生也许会变得更轻松，无谓的执着和坚持只会令己更加痛苦。

人要学会放手，这是因为想要的东西太多了，而我们手的容量是有限的，不可能抓住太多的东西；人要学会放手，这是因为人从出生时就开始了握拳头，但离开时却很不情愿地把两手伸得很开；人要学会放手，这是因为人世间有太多的眷恋，但什么都带不走。我们何不就从现在就学会放手呢？

人生苦短，别让欲望缚住了手脚

话说上帝在创造蜈蚣时，并没有为它造脚，它却仍旧可以爬得和蛇一样快速。但当有一天，它看到斑马、大象和其他有脚的动物跑得比它还快时，蜈蚣就不高兴了。于是蜈蚣向上帝祷告说："上帝啊！我希望拥有比其他动物更多的脚。"上帝听后，便答应了蜈蚣的请求。他把好多好多的脚放在蜈蚣面前，任凭它自由取用。

蜈蚣迫不及待地拿起这些脚，一只接着一只往身上贴，从头一直贴到尾，直到再也没有地方可贴了，才依依不舍地停下来。

蜈蚣心满意足地看看满身是脚的自己，心中暗暗窃喜："现在，我可以像箭一样地飞出去了！"然而，等它一开始要跑时，才发觉自己完全无法控制这些脚。这些脚噼里啪啦地各走各的，除非全神贯注，才能使一大堆脚不致互相绊跌地往前走。这样一来，它走得比以前更慢了。

蜈蚣拥有的脚多了，却让这些脚束缚住了自己，它甚至比以前爬得更慢了。生活中的我们有时不也是这样吗？总想要得到更多，好，还要更好；多，还要更多；却在这种无休止的欲望中迷失了自我，找不到方向。

其实，生活中的任何事物都不是多多益善。贪婪是一种顽疾，贪婪的结果只会给人带来无尽的烦恼。一个贪得无厌、毫不知足的人，等于是在愚弄自己，希望得到一切，可是到头来却两手空空，得不偿失。

人生在世，不是说不能有欲望，欲望在一定程度上是促进社会发展和自我实现的动力。可是，除了最基本的生存欲望之外，也要有节制地扼制欲望。

但是现实生活中，很多人的欲望无边无际，物欲、权欲、金钱欲……他们为了满足这些生不带来、死不带去又永远也无法填满的欲望而开始挖空心思、尔虞我诈、招摇撞骗，所以他们活得相当累，因为他们变成了邪恶欲望的奴隶。

一个沿街流浪的乞丐，每天总在幻想自己有两万块钱，这样，他就能心满意足，不会再有别的想法了。

一天，这个乞丐无意中看见了一只跑丢了的很可爱的小狗，也是出于对小狗的喜爱，乞丐便把小狗抱回了他住的窑洞里。让人没有想到的是，这只狗的主人是该市有名的大富翁。

富翁丢狗后十分着急，因为这是一只纯种名犬。于是，他在当地发了一则寻狗启事：如有拾到者请速还，将付酬金两万元。

第二天，乞丐沿街行乞时，看到这则启事，便迫不及待地抱着小狗，准备去领那两万元酬金，可当他匆匆忙忙抱着狗又路过贴启事处时，发现启事上的酬金已变成了3万元。原来，富翁寻狗不着，更加着急，便把酬金提高到了3万元。

乞丐似乎不敢相信自己的眼睛，向前走的脚步突然间停了下来，他想了想又转身将狗抱回了窑洞。第三天，酬金果然又涨了，第四天又涨了，直到第七天，当酬金涨到了让市民都感到惊讶时，乞丐这才跑回窑洞去抱狗。可想不到的是，那只可爱的小狗已被活活地饿死了。

就这样，乞丐又回到原本一无所有的日子。

欲望是一个巨大的旋涡，是我们所面对的最阴险、最可怕的陷阱。在欲望的旋涡中，往往人想得到的东西越多，就会失去越多。

然而，面对大千世界，每个人都是有欲望的，都想过美满幸福的生活，都希望丰衣足食，都想有份好的工作，交得三五个知心的朋友，这些也都是人生存的合理欲求。然而，生活中总有那么些人不知满足，有了大的房子就想要更大的房子；有了一定的钱财就想要更多的钱财，永远不知道满足，最终成为欲望的奴隶。

有一个大富翁，家有良田万顷，身边妻妾成群，可是日子过得并不开心。挨着富翁家高墙的外面，住着一户穷铁匠，夫妻俩整天有说有笑，日子过得很开心。一天，富翁的小老婆听见隔壁夫妻俩唱歌，便对富翁说："我们虽然有万贯家产，但是还不如穷铁匠开心！"富翁想了想笑着说："我能叫他们明天唱不出声来！"于是拿了两根金条，从墙头上扔过去。

打铁的夫妻俩第二天打扫院子时发现不明不白的两根金条，心里又高兴又紧张，为了这两根金条，他们连铁匠炉子上的活也丢下不干了。男的说："咱们用金条置些好田地。"女的说："不行！金条让人发现，别人会怀疑是我们偷来的。"男的说："你先把金条藏在炕洞里。"女的摇头说："藏在炕洞里会叫贼娃子偷去。"他俩商量来，讨论去，谁也想不出好办法。从此，夫妻俩吃饭不香，觉也睡不安稳，以往的快乐再也没有了。

打铁的夫妻俩原本过得清贫但还算是幸福，然而拥有了金条并没有使夫妻俩获得幸福，反而让夫妻俩为金钱所累，成了金钱的奴隶。

金钱够用则已，毅然拒绝诱惑，这才是智慧。意外之财不要取，只有靠自己的双手，劳动取得的才是自己的，用着才会心安，才会快乐。

有一句话说得好：活着很累，是因为欲望太多。无休止的欲望是条无形的绳索，只会把你捆缚在忧虑中，无法自拔。

所以，抛开欲望的重负，轻松愉悦地享受人生那是多么美妙的事。当生命走到尽头时，回首往日，假日你的头脑中只剩下金光银影，却没有美好欢愉，生命岂不毫无色彩？

拿得起放得下，是一种境界

佛语有云：世间万物皆有因果，冥冥中早有注定；凡事不必强求，缘来缘尽，顺其自然。一切随缘的注解并不是得过且过，不思进取，或者自暴自弃。所谓的"一切随缘"，就是在热爱生活的基础上，面对现实，从容淡定，并合理选择切合实际的人生方式和努力目标。

世人常说"有缘千里来相会，无缘对面不相识"，这便是缘。既然是缘，就会有缘聚缘散的一天。也会有人悲叹"天下没有不散的筵席"，缘是一种存在，是一个过程。

禅院的草地上一片枯黄，小和尚看在眼里，对师父说："师父，快撒点草籽吧！这草地太难看了。"

师父说："不着急，什么时候有空了，我去买一些草籽。什么时候都能撒，急什么呢？随时！"

中秋的时候，师父把草籽买回来，交给小和尚，对他说："去吧，把草籽撒在地上。"起风了，小和尚一边撒，草籽一边飘。

"不好，许多草籽都被吹走了！"

师父说："没关系，吹走的多半是空的，撒下去也发不了芽。担什么心呢？随性！"

草籽撒上了，许多麻雀飞来，在地上专挑饱满的草籽吃。小和尚看见了，惊慌地说："不好，草籽都被小鸟吃了！这下完了，明年这片地就没有小草了。"

师父说："没关系，草籽多，小鸟是吃不完的，你就放心吧，明年这里一定会有小草的！"

夜里下起了大雨，小和尚一直不能入睡，他心里暗暗担心草籽被雨水冲走。第二天早上，他早早跑出了禅房，果然地上的草籽都不见了。于是他马上跑进师父的禅房说："师父，昨晚一场大雨把地上的草籽都冲走了，怎么办呀？"

师父不慌不忙地说："不用着急，草籽被冲到哪里就在哪里发芽。随缘！"

不久，许多青翠的草苗果然破土而出，原来没有撒到的一些角落里居然也长出了许多青翠的小苗。

小和尚高兴地对师父说："师父，太好了，我种的草长出来了！"

师父点点头说："随喜！"

这位师父真是位懂得人生乐趣之人。凡事顺其自然，不必刻意强求，反倒能有一番收获。

何为随？随，不是跟随，是顺其自然，不怨恨，不躁进，不过度，不强求；随，不是随便，是把握机缘，不悲观，不刻板，不慌乱，不忘形；随是一种达观，是一种洒脱，是一份人生的成熟，一份人情的练达。

何为缘？世间万事万物皆有相遇、相随、相乐的可能性。有可能即有缘，无可能即无缘。缘，无处不有，无时不在。缘是一种存在，是一个过程。

一切随缘，生活中的许多事情都不是我们能够左右的。人生，对自己太过苛求只会增加自己的心理压力，使自己难得开心。与其没有快乐地活着，倒不如对任何事都不要在意，顺其自然，只要尽心尽力就可以了，结果如何我们可以不去在意。真实的自我能够在整个过程中感受到快乐就是最好的回报。

世界建筑大师格罗培斯设计的迪斯尼乐园马上就要对外开放了，然而各景点之间的路该怎样连接还没有具体方案。格罗培斯心里十分焦躁。巴黎的庆典一结束，他就让司机驾车带他去地中海海滨。

汽车在法国南部的乡间公路上奔驰，这里漫山遍野到处都是当地农民的葡萄园。当他们的车子拐入一个小山谷时，发现那儿停放着许多辆车子。

原来这是一个无人看守的葡萄园，你只要在路边的箱子里投入5法郎，就可以摘一篮葡萄上路。

据说，这是当地一位老太太的葡萄园，她因无力料理而想出这个办法。谁知在这绵延上百里的葡萄产区，总是她的葡萄最先卖完。这种给人自由、任其选择的做法使大师深受启发。

回到住地，他给施工部拍了一份电报："撒上草种，提前开放。"

迪斯尼乐园提前开放的半年里，草地被踩出了许多条小道，这些踩出来的小道有宽有窄，优雅自然。第二年，格罗培斯让人按这些踩出来的痕迹铺设了人行道。

1971年在伦敦国际园林建筑艺术研讨会上，迪斯尼乐园的路径设计被评为世界最佳设计。

在这个世界上，当我们遇到生活的瓶颈，不知道该怎么办的时候，就干脆让一切随缘，交给老天，也许是最佳的选择。同样，人们在生活中无所适从的时候，选择顺其本性也许不失为聪明之举。

然而，一切随缘的注解并不是得过且过，不思上进，或者自暴自弃。所谓的"一切随缘"，就是在热爱生活的基础上，面对现实，从容淡定，并合理选择切合实际的人生方式和努力目标。

禅家有语说："万事皆有缘，人生当随缘。"人生随缘，随顺自然，毫不执着。随缘是一种进取，是智者的行为；随缘是一种达观，是一种淡定；随缘是一种洒脱，是拿得起放得下的坦然。任性自然的人生态度，是潇洒，更是一种境界。

出行要趁早，别总是推到明天

时间如流水，总是匆匆地向前奔去，不会为谁有所停留。春夏秋冬，寒来暑往，日升月落，斗转星移，生命就在这年复一年、日复一日中悄悄流逝，不会多一分亦不会少一分。数十载的人生，我们从少年走到青年，从青年走到中年，又从中年走到老年，生命的河水就这样不停地向前流去。然而在这个匆忙的人生旅途中，有的人成功地赢得了满堂喝彩，而有的人却只留一个落寞的背影，在悔恨中度过余生。

朱自清先生在散文《匆匆》中说："燕子去了，有再来的时候；杨柳枯了，有再青的时候；桃花谢了，有再开的时候。但是聪明的你，告诉我，我们的日子为什么一去不复返呢？"人生是一场没有彩排的戏剧，没有重来一次的机会，过去了就是过去了，再也不可能找回来。

生活中，我们总把事情推给"明天"，然而，明日复明日，明日何其多，日日待明日，万事早已成蹉跎。不把握好当下的每分每秒，却把事事都寄托在明天，那人生只能在遗憾与叹息中度过。

在20年后的一次同学聚会上，昔日的同窗都在觥筹交错间谈论着当年在一起的美好时光。二十多个春秋，改变了太多的人和事，不变的是同学之间那份浓浓的情谊。阔别太久，在回忆中寻找话题，不自觉的话题就说到了毕业聚会上各自慷慨激昂的理想，然后开始有人盘点究竟都有谁实现了梦想。

昔日梦想成为一名科学家的班长如今已是某县团委书记；昔日想成为一名医生，救死扶伤的同学如今正在经营一家医疗器械公司；

而昔日梦想当歌手的同学如今却已成为一家连锁饭店的老板……

同学中，有的风光阔绰，有的平淡落寞，但当说到年少时的梦想与现在的生活时，每个人几乎都唏嘘感叹，也都说出了许多阻止自己实现梦想的困难和理由……最后，所有人的目光都聚集到当年因一场意外灾难受伤辍学而没能完成高中学业的"小作家"身上。同学们都关心地询问了小作家离开学校后的近况，却被告知小作家已经成功地实现了他当初的梦想，成了一位作家，并于去年加入了省作家协会，至今已经出版了10本书了，并给在场的每个人发了一本。大家迫不及待地翻看小作家的书并纷纷感叹，羡慕小作家实现了自己的梦想，当大家问到小作家是如何实现自己梦想的时候，小作家只是拿起笔，在送给同学们书的扉页上写着这样一句赠言："抓住今天，有梦就在'今天'去实现它。"

光阴是杆公平的秤，从不偏袒任何人，它给勤劳朴实的人以安乐，帮聪明刻苦的人实现理想，而留给懒惰的人空虚与懊悔。

珍惜时间亦是在珍惜生命，珍惜时间亦是在对生活负责。古代著名画家王冕家境贫寒，他的父母无力供他上学。年幼的王冕不得不到一个姓秦的人家放牛。虽然没有读书的机会，但是年轻好学的王冕时刻想着找机会读书学习。所以，每次出去放牛，王冕都借本书带在身上，有时骑在牛背上读书，有时牛在吃草，他就坐在树下看书。就这样，王冕利用点点滴滴的时间，刻苦自学了很多知识。后来他又刻苦学画，终于成了著名的画家。

其实，像这样珍惜时间，珍惜生命的故事我们学习的也不少，匡衡少年时的"凿壁借光"；晋朝孙敬的头悬梁，战国苏秦的锥刺股以及囊萤映雪的故事，无一不是在告诫我们要珍惜时间，把握当下的每分每秒，不给人生留遗憾。

珍惜光阴，把握当下，抓住生活中的点滴，有梦想就去早日实现它。美国的"发明大王"爱迪生，12 岁当报童，由于他抓紧时间孜孜不倦地学习，16 岁就发明了电话自动拨号机，一生竟有 1000 多种发明创造，79 岁时，他对客人说："我有 135 岁了。"这岂不奇怪？原来爱迪生每天工作 18 小时以上，另一种角度来说这也就是使自己的生命得到了延长。

莫等闲，白了少年头，空悲切。年轻人，趁现在还来得及，抓紧时间建功立业，不要空空将青春消磨，等到老时独自伤悲。

第三章
与往事干杯，给精神一次放逐

　　还记得姜育恒那首流传很广的《跟往事干杯》吗——

　　"经过了许多事，你是不是觉得累。这样的心情，我曾有过几回。也许是被人伤了心，也许是无人可了解。现在的你，我想一定很疲惫。人生际遇就像酒，有的苦有的烈……就让那一切成流水，把那往事当作一场宿醉。明日的酒杯，莫再要装着昨天的伤悲。请与我举起杯，跟往事干杯！"

　　如果你行将出发，不妨端起酒杯，潇洒地跟往事干杯。

请随手关好身后的门

英国前首相劳合·乔治有一个很奇怪的习惯——随手关上身后的门。有一天，乔治和朋友在院子里散步，他们每走过一扇门，乔治总是随手把门关上。"你有必要把这些门都关上吗?"朋友很是纳闷。

"哦，当然有。"乔治微笑着说，"我这一生都在关我身后的门。你知道吗? 这是必须做的事。当你关上门的时候，也将过去的一切留在了后面，不管是美好的成就，还是让人懊恼的失误，然后，你才可以重新开始。"

朋友听后，陷入了沉思中。乔治正是凭着这种精神一步一步走向了成功，踏上了英国首相的位置。随手关上身后的门，我们才能更好地专注于眼前的事物，把更多的精力放在当下的事情中，忘记过去，让一切重新开始。

有一个男人回家时，总要在自家门口的树上靠上一会儿。有人不解地问他原因，他说，虽然生活中有许多不如意，但我的那扇家门里面是我的妻子和孩子，我不能让那么懊恼的事情影响到我的家庭，我的生活，所以我必须在见到他们之前，把所有的不开心卸掉，把所有的烦恼留在家门之外。是的，生活中有太多的不如意，生存的压力，生活的艰辛，像无数座大山，压垮了无数人。当所有的一切像潮水般来袭，你又如何承担? 是将其扛在肩上，像蜗牛般缓步向前，还是将它们关在门外，勇敢地迎接明天的太阳? 也许，后者是最好的答案。

古英格兰的一位王子接任了父亲的王位，率兵出征。临出发前，白发苍苍的老国王交给他一封信，告诫他只能在打完仗后打开看。战争出奇地顺利，新国王志得意满，准备凯旋。这时，他想起了父亲的话，打开信，信上只有一行字："一切都会过去。"国王一下子醒悟了过来，重整军队，谨慎行军，最后挫败了敌人的偷袭。当一切来得如此美好时，你所要做的，就是忘记。忘记曾经的辉煌，忘记曾经的成就，忘记曾经的狂喜，只有如此，你才能卸下那些看似华美实则有碍于前行的负担，轻装上路。

我们不但要忘记过去的成功，也要忘记曾经的失败，重新开始，才会具有锲而不舍的精神，也才有可能会成功。爱迪生在发明电灯的过程中并不是一帆风顺的。他找寻了许多种材料来做灯丝，经过成千上万次试验都失败了，然而他并没有因为这一次次的失败而放弃，他把它们都忘记了，锲而不舍，最终发明了电灯。爱迪生这种锲而不舍的精神值得我们学习。不能因为一两次失败而倒下，要忘记这些失败，重新开始，光明就在不远的前方。如果爱迪生被许多次的失败击倒的话，我们今天可能在夜里就看不见光明，所以我们要忘记过去的失败重新开始。

人生路上，总有过多的往事牵绊住我们前行的脚步。我们的心不知从何时开始被无形的枷锁困住，困在回忆的那道门里，那些甜蜜，那些苦楚，那些闲适，那些忧虑都成了前进路上的绊脚石，成了最沉重的包袱。

过去的事，也许有值得留恋的辉煌业绩，或许也有追悔不及的遗憾，但这都已经成为过去。背负着昨天的痛苦、挫折、失败的阴影，无法做到豁达、坦然，只会使脚步沉重，最终可能阻碍事业的成功和生命的进程。把昨天的荣耀记挂在心头，也会成为前进的羁绊。世界上有无数的人年轻时创下了令人瞩目的事业，老了一事无成，就是躺在昨天的功劳簿上睡觉，有的甚至顽固守旧，阻碍了历史或科学的发展。因此我们要学会忘却过去，关闭身后的门，把每一天都当成一个新起点，将会青春永驻，充满活力，将会迎来新的成功。

"随手关上身后的门"，我们从"昨天"的风雨中走来，身上难免沾满了尘土和雨滴，心中多少留下一些酸楚的记忆，这些都是不能轻易抹掉的。我们需要总结昨天的失误，但却不能对过去了的失误和不愉快耿耿于怀。伤感也罢，悔恨也罢，都不能改变过去，不能使你更聪明、更完美，只会使你白白地浪费了"现在"的大好时光，阻碍你前进的步伐。追悔过去，只能失掉了现在；失掉现在，谈何未来！

为误了头一班火车而懊悔不已的人，肯定还会错过下一班。要想成为一个快乐成功的人，最重要的一点就是记得随手关上身后的门，学会将过去的错误、失误通通忘记，一直往前看。

放弃遗憾，着眼未来

在美国纽约的一所中学里，有一个很差的班级。这个班的多数学生总为过去的成绩感到不安，灰心、失望、叹气、沮丧……进而影响了新的学习。他们的老师保罗博士得知这一情况后，给这个班的学生上了一堂难忘的课。

这天，保罗上课时，突然一巴掌将放在桌上的一大瓶牛奶打翻在地。"啪"的一声巨响惊呆在座的每一个学生，他们一个个目瞪口呆地看着桌上、地上四处流淌的乳白色液体，不知该怎么办才好。

这时，保罗的目光扫过每个学生的脸，同时大喊一声："不要为打翻的牛奶哭泣！"然后叫学生到讲台前仔细看一看："我让你们记住这个道理，牛奶已淌光了，无论你怎么后悔抱怨，都已无法挽回。我们现在能做的就是把它忘记，然后注意下一件事。"

"不要为打翻的牛奶哭泣！"牛奶打翻在地已经是事实，再怎样补救也无济于事。我们唯一能做的就是：忘记它，然后注意下一件事！过去的已经过去，过去不能改写，只有重新开始。为过去哀伤、遗憾，除了劳心费神、分散精力之外，没有一点益处。

在人生的征途中，我们总是会遇到这样或那样的困难和挫折，如果总让这些困难和挫折阻碍我们前进的步伐，那我们就永远不可能成长，我们的人生也将失去希望。"不为打翻的牛奶哭泣！"让我们不要总是沉湎于教训的打击，因为我们还要前行。

著名的棒球手康尼·马克谈过他对于输球的烦恼问题："过去我常常这样做。为输球而烦恼不已。现在我已经不干这种傻事了。既然已经成为过去，何必沉浸在痛苦的深渊里呢？流入河中的水，是不能取回来的。"

不错，流入河中的水是不能取回的，打翻的牛奶也不能重新收集起来。但是你可以选择忘掉曾经的失败，放下曾经的荣誉，用崭新的心态面对明天。

一位前重量级拳王谈到失败时说："比赛的时候，我忽然感到自己似乎老了许多。打到第十回合，我的面部肿了起来，浑身伤痕累累，两只眼睛疼得几乎睁不开，只是没有倒下罢了。我模糊地看见裁判员高举起对方的右手，宣布他获得比赛的胜利。我不再是拳王了。我伤心地穿过人群走向更衣室，有人想和我握手，另一些人则含着眼泪，失望地凝视着我。一年以后再度与对手交战，我又败了。要我完完全全不想这件事，实在是太困难，太痛苦了。但我仍是对自己说，从今以后，我不必生活在过去，不要为打翻的牛奶哭泣。我一定要勇敢地面对这一现实，承受住打击，决不能让失败打倒我。"

这位前重量级拳王实现了他的诺言。他承认了失败的事实，跳出烦恼的深渊，努力忘掉一切，集中精神筹划未来。他的成就是经营比赛、宣传和展览。他使自己忙于具有建设性的工作，没有时间为过去烦恼。这使他感到现时的生活比当拳王时的生活还要快乐。

莎士比亚说："聪明的人永远不会坐在那里为他们的损失而悲伤，他们只会很高兴地想办法来弥补他们的创伤。"所以，当损失已经造成，我们又何不做个聪明的人，将思想放在解决当下的问题上，不总是沉湎于过去，不为失误而悲伤，而是用一颗积极的心态看待当下事，并用积极的行动去寻找解决的办法。

积极的思考，是在自信与幽默的协调中实现的。对于过去的沉涵和对未来的盲目担忧都没有任何的现实意义，切莫"为打翻的牛奶哭泣"，只有现在才是最富有意义的时刻。把握现在，放弃遗憾，着眼未来，才有更加广阔的天地。

抛掉过去的阴影，轻装前行

人生是一艘满载货物的船，里面装满了我们对过去生活的回忆，对未来生活的向往以及对当下生活的感悟：有泪水，有欢笑，也有忧愁与悲伤……与普通的船一样，人生之舟里的货物装多了也会有沉船的危险，船就不能更好地驶向远方。所以，我们要适时地为人生之船减压，放下那些不必要的负重，忘记不属于自己的一切。无论风景有多美，我们只能做短暂的欣赏，然后忘记它，并开始新的征程。

当你沉浸在一段往事痛不欲生的时候，忘记是明智的选择。忘记刻骨铭心的伤痛，忘记痛彻心扉的情感，那将是人的一种福分。

我们所熟知的 NBA 球星巴特勒有过很不光彩的历史。像很多黑人球员一样，贫穷、犯罪曾经伴随他的生活。巴特勒说过："打篮球不是压力。"那么对他来说压力是什么？压力是看着自己的单亲妈妈为了养活自己和弟弟而做两份工作；压力是在 14 岁的时候因为在学校里持有可卡因和枪支被捕而面临 14 个月的刑期；压力是让人相信自己能够改过自新。巴特勒说："当你把生活搞得一团糟，人家把你关在小房间里，和大家都隔离开的时候，你真的需要好好反省反省自己的所作所为了。"杰梅尔在威斯康星州开办了一个拯救失足少年的活动中心，他帮助巴特勒重新做人，他说："巴特勒不是一夜之间就转变的。要巴特勒走上正路，必须有耐心。"

杰梅尔进一步打磨了巴特勒在监狱中培养起来的篮球基本功，巴特勒参加了 AAU 比赛，并在一次活动中赢得了最有价值球员称号，NBA 球员达柳斯·迈尔斯和昆廷·里查德森都曾经获得过这一荣誉。虽然巴特勒吸引了全国大学的注意，但是很多学校因为他的前科而对他关闭了大门。但是，吉姆和 Uconn 大学给了巴特勒机会，巴特勒在吉姆的严格调教下大放异彩。两年后，也就是 2002 年，巴特勒进入了 NBA。忘记过去，让巴特勒从曾经的阴影里走出来，以更好的姿态面对生活赐予的美好。

有这样一个故事：一个著名演员，年轻时出演了一个轰动全球的角色，可是从那之后再也没有过出色的表演，他太过耀眼，耀眼得没有角色适合他。而没有了演技的磨炼他始终无法突破自我，最后整日酗酒，抑郁而终。

学会忘记，抛掉过去的阴影，活在当下，以全新的眼光看待周围的事物。学会忘记，脱离"过去"带给我们的伤痛以及辉煌，认清现在，更加清楚地认识自己，看清楚自己的位置，给自己一个新的定位，重新规划自己的将来，开始自己的事业。

雨果 20 岁那年与年轻貌美的阿黛结了婚。可是婚后的第十年，阿黛突然另结新欢，追随一位作家而去。这使雨果十分痛苦。第二年他结识了女演员朱丽叶·德鲁埃，两人坠入爱河，这才使他那颗伤痛的心得到抚慰。

阿黛离开雨果后，生活并不幸福，经济一度很拮据，几乎到了举步维艰的地步。一次，她精心制作了一只镶有雨果、拉马丁、小仲马和乔治·桑四位作家姓名的木盒，到街头出售，可是因为要价太高，很多天都无人问津。有一天，雨果从那里经过看见了，就托人过去悄悄地买下来，这只木盒现在仍陈列在巴黎雨果故居展览馆里。

懂得忘记，让生命之舟轻载，在忘记了怨恨的同时更是放过了自己，换来了内心的安宁。

忘记过去，活在当下，是我们获得成功和幸福的关键。失恋导致的痛楚、矛盾留下的仇恨、成功带来的负荷、分歧招致的争吵、距离产生的误会等，所有这些，都是已经破碎的过去。既然如此，我们不妨把它们抛在脑后！

忘记过去并不意味着什么都要忘记。忘记成功只是你不能因为成功而骄傲，要把它忘记，你才能从头开始新的奋斗。忘记失败也只是要你忘记失败所给你带来的伤心和痛苦，不能忘记失败的教训，应该牢记这教训忘记伤心上路。

忘记过去的辉煌，你就不会满足于已有的成就，继续像以前一样为了目标而奋斗；忘记过去的失败，你就不会因为小小的挫折而自暴自弃，你就会拥有比原来更雄厚的自信心，才能经得起失败的考验，才能一步一步走向成功。所以不论过去是美好还是懊恼，将一切留在身后，然后重新开始。

抛开束缚你心灵的那些烦恼

生活中，我们总是被这样或那样的烦恼弄得夜不能眠，弄得焦头烂额，找不到解决的方法。殊不知，其实很多的烦恼都是我们自己给自己造成的，很多的烦恼都源自我们的放不下，没有放下，所以更加的忧虑；而如果放下了，那烦恼就会离你渐渐远去。

一个烦恼少年，在四处寻找解脱烦恼的方法。

这一天，他来到一条河边，岸上垂柳成荫，一位老翁坐在柳荫下，手持一根钓竿正在垂钓，神情怡然，自得其乐。

烦恼少年就走上前问老翁："请问，您能赐我解脱烦恼的方法吗？"

老翁看了一眼面前忧郁的少年，慢声慢气地说："来吧，孩子，跟我一起钓鱼，保管你没有烦恼。"

烦恼少年试了试，不灵。

于是，他又继续寻找。不久，他路遇两位在路边石板上下棋的老人，他们怡然自得。烦恼少年又走上去寻求解脱之法。

"喔，可怜的孩子，你能把手伸开吗？"

少年把手伸开。

"既然你双腿灵便快捷，双手伸展自由，那还有什么在束缚着你呢？既然没有东西束缚着你，你又寻求什么解脱呢？烦恼只为强出头，你心里有心结全是自己想不开造成的，你把自己的心捆住了，谁能帮你解开呢？"

烦恼少年愣了一下，想了想，有些明白了：是啊！我双手能动，双腿能跑，原本就是自由之人，我又何须寻找解脱之法呢？我这不是自寻烦恼，自己捆住自己了吗？

少年正欲转身离去，忽然面前成了一片汪洋，一叶小舟在他面前荡漾。

少年急忙上了小船，可是船上只有双桨，没有渡工。

"谁来渡我？"少年茫然四顾，大声呼喊着。

"请君自渡！"老人在水面上一闪，飘然而去。

少年拿起双桨，轻轻一划，面前顿时变成了一片平原，一条大道近在眼前，少年踏上大路，欢笑而去。

佛说，烦恼忧虑皆由心生，自己的僵局是自己设定的。每个人的烦恼都需要靠自身的努力来得到释放，旁人无从帮助你。而只有彻底地把自己从烦恼中解放出来，我们才会获得快乐，才会看见更广阔的天与地。

克里斯的家因为最近在装修，没办法住人，所以他就到附近的一家很清静的小旅馆去避居几日。而他只带了两件行李：一个装着两双袜子的雪茄烟盒，一份旧报纸包着的一瓶酒，用来以备不时之需。

午夜时分，克里斯忽然听到房间里有一种奇怪的声音。他打开灯等了一会儿，出来了一只小老鼠，它跳上镜台，嗅了嗅克里斯带来的那些东西。然后又跳下地，在地板上停留了一会儿，然后就跑到了浴室，不知忙些什么，一夜未停。

第二天早晨，克里斯对打扫房间的女服务员说："这间房里有老鼠，吵了我一夜。"

女服务员立即就反驳了克里斯的话，说："这是不可能的。这个旅馆刚刚才装修过，而且是头等旅馆，是不可能出现老鼠的，那是您的幻觉。"

克里斯下楼时对电梯司机说："你们的女服务员倒真忠心。我告诉他说昨天晚上有只老鼠吵了我一夜。她说那是我的幻觉。"

却没想到电梯司机也说："她说得对。这里绝对没有老鼠！"

本是一个小小的抱怨，没想到却被传开了。柜台服务员和门卫在克里斯走过时都用怪异的眼光看他，他们可能认为克里有问题，在一间绝对不会出现老鼠的旅馆里看见了老鼠，来住旅馆居然只带了两双袜子和一瓶酒。在他看来，克里斯的这种做法常常是那些娇惯任性的孩子或是孤傲固执的病人才会做的事情。

第二天晚上，那只小老鼠又出来了，照旧跳来跳去，舒筋活骨。克里斯暗暗决定要采取行动。于是，第三天早晨，克里斯到店里买了几只老鼠笼和一小包咸肉。但他把这两件东西包好后，偷偷带进旅馆，不让当时值班的员工看见。等到早上他起身时，看见老鼠在笼里，既是活的，也没有受伤。克里斯不准备对任何人说什么，只打算把装有老鼠的笼子提到楼下，放在柜台上，证明自己不是无中生有。但在准备走出房门时，他忽然觉得这样做很无聊且很讨厌。他觉得站在旅店服务员的角度来说自己带着一个雪茄盒和一瓶酒来住旅店确实很怪异。遇到这种事情他需要做的是爽快地证明在这个所谓绝对没有老鼠的旅馆里确实有只老鼠，但如果把装有老鼠的笼子放到旅店柜台上，只能让人们觉得他是一个不惜以任何手段证明自己没有错的气量狭窄、迂腐古板的人……

想到这，克里斯赶快轻轻走回房间，把老鼠放出，让它从窗外宽阔的窗台跑到邻屋的屋顶上去。

半小时后，克里斯下楼退掉房间，离开旅馆。出门时把空老鼠笼递给侍者。厅中的人都向克里斯微笑点头，看着他推门而去。

面对生活中的烦恼，别人给予你的错误评价，不要总是一味地计较，这样只会让别人更加轻视你，也会显得自己气量狭小。学会忘记，学会用一颗宽容的心来看待生活中的事物，你会发现向你微笑的人比向你表示不满的人多了许多；学会用一颗宽容的心来包容，这样在放过别人的同时也放过了自己；学会用宽容的心来看待，给别人让步的同时，自己也获得了更大的空间，睚眦必报只会逼得自己无力支撑。

人心很容易被种种烦恼和物欲所捆绑。那都是自己把自己关进去的，是自投罗网的结果，就像蚕作茧自缚。大多数人的烦恼，都是因为自己想不开，放不下造成的。

抛开束缚你心灵的那些烦恼。人的心好比房子，里面若是装满了坏心情，自然没有好心情的立足之地。忘记生活中的那些烦恼与不公，它不过是蚌壳中的那粒沙，经历了这粒沙的磨砺，你才能是一颗璀璨的珍珠。把烦恼留在身后，并记住给予和幸福，把不满转化成微笑，你会发现，你在向别人微笑的同时别人也在向你微笑。

走出回忆的牢笼，迎接灿烂的明天

人都是有感情的，回首过去路上的点滴，或于会心处微微一笑，或于悲伤处流滴眼泪。然而，无论昨天发生了什么，它都已经成为往事，不可能再存活于当下。死死地抓住昨天不放，只能是让回忆捆缚住了你的心灵，把自己关进了回忆痛苦的牢笼，折磨的只有你自己。

有一个人，在他 23 岁时被人陷害，在监狱里待了 9 年。后来冤案告破，他开始了常年如一日的反复控诉、咒骂："我真不幸，在最年轻有为的时候遭受冤屈，在监狱里度过本应最美好的时光。那简直不是人待的地方，狭窄得连转身都困难，窄小的窗口里几乎看不到阳光，冬天寒冷难忍，夏天蚊虫叮咬，真不明白上帝为什么不惩罚那个陷害我的家伙，即使将他千刀万剐也难解我心头之恨啊！"

73 岁那年，在贫困交加中，他终于卧床不起。弥留之际，牧师来到床边，对他说："可怜的孩子，去天堂之前，忏悔你在人世间的一切罪恶吧！"病床上的他依然对往事怀恨在心、耿耿于怀："我没有什么需要忏悔，我需要的是诅咒，诅咒那些施于我不幸命运的人。"牧师问："你因受冤屈在牢房里待了多少年？"他恶狠狠地告诉了牧师。牧师长长叹了一口气："可怜的人，你真是世界上最不幸的人，对你的不幸我感到万分同情和悲痛。他人囚禁了你 9 年，而当你走出监狱本应获取永久自由时，你却用心底的仇恨、抱怨、诅咒囚禁了自己整整 41 年。"

走不出过去的回忆，一直生活在过去的阴影中，直到死亡也没能让他醒悟，这样的人无疑是可悲的。一直生活在过去的悲惨里，怨怼蒙住了他的眼睛，回忆困住了他的心灵，使他再也看不到生活重新赋予他的希望，再也品尝不到生活的甜美与芬芳，也就从此与快乐绝缘。监狱关了他9年，可回忆却捆缚了他的一生。

在漫长的人生道路上，有着太多的酸甜苦辣、太多的喜怒哀乐以及悲欢离合，过去的已经过去，如果我们把这一切包袱都背在身上，走得岂不太累？还怎能去体会人生其他乐趣呢？如果往事不堪回首，还硬去回首，岂不是自作自受！

总是背负着过去的包袱，你就无法行走于当下的路程；走不出回忆的牢笼，你的心就永远只能被过去捆缚，品尝不到当下的甜美，你的一生也就永远只能在虚幻、悲哀中度过。

我们每个人都有着对过去的回忆，或者是美好、甜蜜的，或者是悲伤、痛苦的。然而，无论是美好的还是悲伤的，过去的都已经过去了，最重要的是当下，当下我们生活的点点滴滴，分分秒秒。

每个人都一样，心中总有一些事情是很难改变的。生活中总有很多人告诉你应该放弃过去，可是这很难办到。没有理由把美好的过去忘记，同样也没有办法抹去过去那一份悲伤，有时候我们有意识地摆脱过去那是因为过去背叛了我们。但是有些事情过去了就是过去了，无论你怎样在乎，也不会再拥有，那么我们又何必非要苦苦强求呢？

走出回忆的牢笼，求得自我解脱，无论是过去了的甜蜜也好，悲伤也好，欢乐也好，只有及时地走出来，我们才有灿烂的明天。

和悲伤说再见，开始新的生活

我们的每一个昨天都是无法在当下里生存的，无法忘记过去，常常会连今天也失去，沉溺于昨天的人，很可能也会错过美好的未来。

1954年，巴西的男女老少几乎一致坚信巴西足球队会成为那届世界杯赛的冠军。然而，在半决赛时，巴西队却意外地输给了法国队，没能将那个金灿灿的奖杯带回巴西。

球员们比任何人都更明白足球是巴西的国魂。他们懊悔至极，感到没脸回到祖国。他们知道，球迷们难免会辱骂、嘲笑和扔汽水瓶的。

当飞机进入巴西领空的时候，球员们更如心神不安，如坐针毡。可是，当飞机降落在首都机场上，他们眼前却是另一番景象：巴西总统和两万多名球迷默默站在机场，人群中有一条横幅格外醒目："这已经是过去！"球员们顿时泪流满面，低垂的头抬了起来。

4年后，巴西足球队不负众望赢回了世界杯冠军。当巴西足球队的专机一进入国境，16架喷气式战斗机为之护航。当飞机降落在道加勒机场时，聚集在机场上欢迎的人多达3万。从机场到首都广场将近20公里的道路两边，自动聚集起来的人数超过100万。这是多么激动人心的场面！

人群中又出现了4年前那条横幅："这已经是过去！"球员们慢慢地把高高扬着的头低了下来。

和昨天说再见，是悲伤，就要把悲伤忘记，重整旗鼓，重新上路；是成功，就要及时把荣耀卸下，让一切归零，重新回到起点，开始下一站的征程。

和昨天说再见，不管是成功也好，失败也罢，都只能成为我们前行路上的一个个沉重的包袱，不卸下这一个个沉重的包袱，那只会前进的脚步越来越沉，让人越来越累。

人生不可逆转，时光不能倒流。在过去的人生道路上我们难免留下遗憾，偶尔回头去想想那些经历过的失误，也许对我们以后的人生、心态、行为，有一些纠正和指引，但是沉溺于过去的痛苦之中，只会阻碍我们前进的脚步。

有个泰国企业家，他把所有的积蓄和银行贷款全部投资在曼谷郊外一个备有高尔夫球场的 15 幢别墅里。但没想到，别墅刚刚盖好时，时运不济的他却遇上了亚洲金融风暴，别墅一间也没有卖出去，连贷款也无法还清。企业家只好眼睁睁地看着别墅被银行查封拍卖，甚至连自己安身的居所也被拿去抵押还债了。

情绪低落的企业家完全失去斗志，他怎么也没料到，从未失手过的自己，居然会陷入如此困境。他承受不起此番沉重打击，在他眼里，只能看到现在的失败，更不能忘记以前所拥有过的辉煌。

有一天，吃早餐时，他觉得太太做的三明治味道非常不错，忽然，他灵光一闪，与其这样落魄下去，不如振作起来，从卖三明治重新开始。

当他向太太提议从头开始时，太太也非常支持，还建议丈夫要亲自到街上叫卖。企业家经过一番思索，终于下定决心行动。从此，在曼谷的街头，每天早上大家都会看见一个头戴小白帽，胸前挂着售货箱的小贩，沿街叫卖三明治。"一个昔日的亿万富翁，今日沿街叫三明治"的消息，很快地传播开采。购买三明治的人也越来越多。这些人中有的是出于好奇，也有的是因为同情，更多人是因为三明治的独特口味慕名而来。从此，明治的生意越做越大，企业家很快走出了人生困境。

　　这个企业家叫施利华。几年来他以不屈不挠的奋斗精神，获得泰国人民的尊重，后来更被评为"泰国十大杰出企业家"之首。

　　只有彻底地摆脱了过去，才能更有勇气接受当下的一切，才有可能重新开始新的生活。

　　活在当下，和过去说再见。和过去的荣耀、过去的幸福、过去的甜蜜、过去的悲伤说再见。这样，才能以一颗轻松的心来享受当下的生活，接受当下的一切，体会当下的快乐时光！

每一天，都是一个新的开始

昨天是过去的结束，今天是又一个崭新的开始。无论昨天是痛苦也好，欢乐也罢，今天都可以重新开始。重新开始，翻开人生崭新的一页，换一种心态，换一种面貌，换一种眼光来面对生活。

一个部落首领的儿子在父亲去世后承担起了领导部落的任务。但是，由于他花天酒地，游手好闲，部落的势力很快衰退下来；在一次与仇家的战役中，他被仇家所在的部落擒获。仇家的首领决定第二天将他斩首，但是可以给他一天的时间自由活动，而活动的范围只能在一个指定的草原上。

当他被放逐在茫茫的大草原上时，他感觉，这个时候，自己已经完全被整个世界抛弃了，天堂将很快成为自己的最终归宿。他回忆起曾经锦衣玉食的日子，想起了自己部落辛苦劳作的牧民，想起了那些英勇的武士卖命效力，他追悔莫及。

他想，如果能让我重来一次，上天再给我一次机会，绝对不会是这样一个结果。于是，他想在自己生命的最后 24 个小时做一些事情，来弥补自己曾经的过失。

他慢慢地行走在草原上，看见很多贫苦而又可怜的牧民在烤火，他把自己头顶上的珍珠摘下来送给他们；他看见有一只山羊跑得太远，迷失了方向，他把它追了回来；他看见有孩子摔倒了，主动把他扶了起来；最后，他还把自己一件珍贵的大衣送给了看守他的士兵……

他终于做了一些自己以前从没做过的事情，他觉得自己内心还是善良的，可以满意地结束自己的生命了。

第二天，行刑的时候到了，他很轻松地步入刑场，闭上眼睛，等待刽子手结束自己的生命。可是等了很久，刽子手的刀都没有落下，他觉得很奇怪。当他慢慢把眼睛睁开的时候，才看见那个仇家首领捧着一碗酒微笑着站在他面前。

那个首领说："兄弟，在这一天当中，你的所作所为让我感动，也让我重新认识了你，我们两个部落的牧民本来可以和睦愉快地相处，却因为一些私利互相仇视，彼此杀戮，谁都没有过上太平的日子。今天，我要敬你一杯酒，冰释前嫌，以后我们就是兄弟，如何？"

之后，那个纨绔子弟回到了部落，再也没有纸醉金迷地生活，而是勤政爱民，发誓要做一个优秀的部族首领。从此以后，这两个部落的牧民再也没有发生过战争，和平地生活在草原上。

热爱当下的生活，抛开过去的一切，用一双崭新的眼睛来看待当下人，当下事，并用心去拥抱生活，你会发现，希望就在身边，每天都可以重新开始。

有一部电影，讲的是一个年轻人，因为自己恋慕已久的女人要嫁给一个富商，十分痛苦。自此自暴自弃，破罐破摔，每天喝得烂醉如泥，惹是生非。镇上的人见了他，纷纷侧目，迎面走过的人更是纷纷避让，生怕招惹祸端。

一个在镇上颇有威望的老者见到他这副模样，于是呵斥他说："有本事你就把她追回来。"

"可是，她已经要嫁给别人了。"年轻人哀怨地说。

"如果你有本事，你就有机会，你还有时间，你需要的是振作！"老者义正词严地说。

"可我一无所有，怕是没什么指望了。"年轻人哀怨地说。

"你还有今天。你还有明天。你还有一身的力气。"老者说道。

在老人的殷殷教诲之下，年轻人终于鼓起勇气，离开了小镇，远走他乡……三年后，年轻人回到镇上，找到了那位教诲他的老人。老人告诉他，那个女人已经嫁给了富翁。年轻人笑了笑，说："一切都已经过去了，你教给我的不是怎么追回一个女人，而是教会我做人的道理，这才是最重要的。"

老者教给年轻人做人的道理是什么呢？

年轻人领悟到：生活，只要你不放弃，每一天都可以是新的开始，你就可以去追寻你想要的梦，并为之努力。

生活就是这样，不停地反反复复，不断努力，无论昨天发生了怎样的失意与挫败，今天都要让自己满怀希望、信心百倍地热爱当下的生活。不在失意中徘徊踌躇，不在挫败的阴影下悲观失望，努力进取，完善自己的幸福人生。

第四章
带着计划上路，过有追求的生活

人之所以虚度岁月，除了懒惰的原因之外，不少是因为行事无计划。没有计划，或茫然不知道从何下手，或东一榔头西一棒子……时间过去了，该做的事还是没有进展。

一个切实可行的计划是成功人生的起点，是一个人奋斗的阶梯。一个对未来没有清晰计划的人是很难成功的，他每天的时间会过得有序而又充实，他的付出会事半功倍。

用目标为你的人生导航

如果把人生比喻成一艘在大海上航行的帆船，那目标、计划无疑就是帆船上的导航仪，时时为人生之船指引方向。

茅以升是我国建造桥梁的专家。他小时候，家住在南京。离他家不远有条河，叫秦淮河。每年端午节，秦淮河上都要举行龙船比赛。到了这一天，两岸人山人海。河面上的龙船都披红挂绿，船上岸上锣鼓喧天，热闹的景象实在让人兴奋。茅以升跟所有的小伙伴一样，每年端午节还没到，就盼望着看龙船比赛了。可是有一年过端午节，茅以升病倒了，小伙伴们都去看龙船比赛，茅以升一个人躺在床上，只盼望小伙伴早点儿回来，把龙船比赛的情景说给他听。小伙伴们直到傍晚才回来，茅以升连忙坐起来说："快给我讲讲，今天的场面有多热闹？"小伙伴们低着头，老半天才说出一句话来："秦淮河出事了！""出了什么事？"茅以升吃了一惊。"看热闹的人太多，把河上的那座桥压塌了，好多人掉进了河里。"听了这个不幸的消息，茅以升非常难过。他仿佛看到许多人纷纷落水，男的、女的、老的、小的，景象凄惨极了。病好了，他一个人跑到秦淮河边，默默地看着断桥发呆。他想，我长大一定要做一个造桥的人，造的大桥结结实实，永远不会倒塌！从此以后，茅以升特别留心各式各样的桥，平的、拱的、木板的、石头的，出门的时候，不管碰上什么样的桥，他都要上下打量，仔细观察，回到家里就把看到的桥画下来。看书看报的时候，遇到有关桥的资料，他都细心收集起来，天长日久，他积累了很多造桥的知识。他勤奋学习，刻苦钻研，经过长期的努力，终于实现了自己的理想，成为一个建造桥梁的专家。

怀着一颗悲天悯人的心，把建造一座结实、耐用的桥当成了茅以升一生为之奋斗的目标。虽然追求梦想的过程漫长而艰辛，然而，茅以升却从未想过放弃，并收集生活中的点滴事例，作为自己造桥的素材。就这样，通过他坚持不懈的点滴努力，大桥落成，茅以升也最终实现了他的梦想。

鲁迅先生自从看了帝国主义屠杀国人而国人无动于衷的电影之后，决心"医治国人的精神"。人生的目标是人们旺盛斗志的滚滚源泉。从那以后，他拿起了笔，毅然向黑暗宣战。

一支小小的笔，在鲁迅的手中，时而是匕首——扎向敌人的心脏；时而是手术刀——剔除国人思想中腐朽的封建残余；时而是投枪——刺破白色恐怖，寻找光明。几十年的时间过去了，他笔耕不辍，为我们留下了很多优秀作品，也成了受人尊敬的一代文学大师。如果鲁迅当时没有确立"治疗国人的精神"这个宏大的目标，那么他也许只会是一位普通的教师，或是一位医生。就是因为那个目标的确立，让他拥有了旺盛的斗志，最后在漫漫历史长河中写下了自己的名字，成了民族精神的象征。

用目标为你的人生导航，生活才能变得更加充实而有意义；用目标为你的人生导航，才能更加积极地去面对生活，每一天才会更加地充满干劲，更好地工作、生活；用目标为你的人生导航，你才有了一条更加清晰、明朗的人生之路，让你一直能清晰地看见前方的路，不会迷茫，不会找不到方向。

勿虚度人生，过有目标的生活

平平安安地过日子是大部分人生活的目标。对此，只需付出每天过日子的必要精力就足够了。这种没目标的生活，不过是以看看电视来虚度生命。每晚时间在虚幻的悲喜剧、推理侦探故事、离奇怪诞影片等电视世界中消耗。夜幕一降，他们就习惯地坐到电视机旁，兴趣盎然地望着一个个画面。殊不知电视明星们正是瞄准了这些人而实现了自己的人生目标。

你有目标吗？如果没有，请静下心来，根据自己的兴趣、特长以及客观情况，为自己量身定做一个吧。在设定目标时，你需要注意以下几点事项：

首先，奋斗目标有高有低，专业面有宽有窄。在目标选择中是宽一点好，还是窄一点好呢？一般来说，专业面越窄，所需的力量就相对较少。也就是说，用相同的力量对不多的工作对象，专业面越窄的，其作用越大，其成功的概率越高。所以，职业生涯目标的专业面不要过宽，最好是选一个窄一点的题目，把全部身心力量投放进去，比较容易取得成功。如果专业面需要放宽，起码在开始的时候，要把专业面或主攻点定得较窄些。待突破了一点，取得了经验，积累了知识，再扩大专业面，这样容易成功。

其次，长短配合要恰当。生涯目标是长期的好呢，还是短期的好？简单地说，应该是长短结合。长期目标为人生指明了方向，可鼓舞斗志，防止短期行为。短期目标是实现长期目标的保证，没有短期目标，也就不会有长期目标。特别是在职业生涯发展过程中，通过短期目标的达成，能体验达到目标的成就感和乐趣，鼓舞自己为了取得更大的成就，而向更高的目标前进。

再次，就事业目标而论，同一时期目标不宜多。而应集中为一个。目标是追求的对象，你见过同时追逐五只兔子的猎手吗？别说五只，就是两只也追不过来，因为那几乎是不可能的事。有的人才高气盛，自认为高人一等，同时设下几个目标。我要奉告你，那样的话，可能一只兔子也打不着，一个目标也实现不了。人生目标的追求，也好比人坐凳子一样，一个人同时想坐几个凳子，一会儿坐坐这个，一会儿坐坐那个，换来换去，一不小心，就会从凳子中间掉下去，其结果哪个凳子也没坐稳，也就是说一个目标也没实现。由此可见，要实现人生目标，成就一番事业，须把目标集中到一个焦点上。

当然，这不是说你不能设立多个目标，而是你可以把它们分开设置。具体说，就是一个时期一个目标，拉开时间距离，实现一个目标后，再实现另一个目标。

第四，目标要明确具体。目标就像射击的靶子一样，清清楚楚地摆在那里。干什么，干到什么程度，要有明确具体的要求。比如，从事某一专业，学习哪些知识，达到什么程度，都要明确、具体地确定下来。如果目标含糊不清，就起不到目标的作用。如有人打算决心干一番事业，具体干什么不知道，这就等于没目标。自以为有目标，而没有明确的目标，不仅起不到目标的作用，还可能造成假象。投入了时间、精力和资金，却起不到实现目标的作用，10 年过去了，还是一事无成。

第五，生涯目标要留有余地。要留有余地，就是要留有机动的时间，即便发生某些意外，也有时间和精力机动处理。实现目标的时间安排要从实际情况出发，不慌不忙，不急不躁。在工作的安排上不要刻板，要灵活机动。在要求不变的情况下，完成时间和做法可以调整变换。

找准舞台，才能遇见更好的自己

有一句很经典的话："垃圾是放错了位置的宝贝。"同样，宝贝放错了地方也就变成了垃圾，人找错了位置也会难以自由发挥。找准自己的位置，给人生一个奋斗的目标，心有多大，舞台就有多大，随时调整自己，我们所设计的人生理想也将更具有实现的可能性。

1950 年，二十出头的郑小瑛来到当时最负盛名的莫斯科音乐学院学习作曲。她似乎注定就是为音乐而生，六岁学习钢琴，十四岁精通各种乐器并且多次登台演出。在莫斯科音乐学院里，郑小瑛的才华得到了老师和同学的认可，她的曲子时常被学校交响乐队拿去演奏。

有一次，在音乐厅她看见指挥老师正带领同学们演奏她的曲子。她被那种意气风发深深吸引住了，一个理想由此萌发："我要成为一位优秀的指挥家！"

从那以后，郑小瑛一有时间就跑到音乐厅去看表演，当然，最主要的是暗中学习指挥技巧，还时不时找机会向教授求教。回到宿舍后，她就对着自己的曲子开始练习指挥，同学们都取笑她说："难道你想成为一名指挥家吗？别白费力气了，因为那是一件不可能的事情！"

同学的话其实不无道理，当时全世界的女性地位都不高，有机会接受音乐教育的女性已经很少了，更何况是女性指挥家？虽然不敢说全世界绝对没有一位女性指挥家，但在当时，他们都没有听说过。指挥家，似乎是专属于男人的职业。

"难道女性就不可能成为指挥家吗？"郑小瑛在心中发问。没人能给她答案，能给答案的人只有她自己！

此后，郑小瑛更加勤奋地钻研起指挥的技巧，从表情到手势，从眼睛到心灵……

机会总是属于有准备的人！有一次，学校里组织一个音乐盛会，郑小瑛所作的一首曲子被选进了演奏曲目中。而观众席中，有两位响当当的人物：苏联国家歌剧院的指挥海金和莫斯科音乐剧院的指挥依·波·拜因。谁都没有想到的是，正当音乐指挥走上台子的时候，他居然扭伤了脚，一个趔趄跌坐到地上，全场一片惊呼。工作人员很快跑过去扶住教授，同时还有人把椅子搬上指挥台，想让他坐在椅子上指挥，但那同样不行，因为他扭到脚的同时也碰伤了肘部。教授摇摇头，全场不知如何是好！

郑小瑛一下子从椅子上站起来，在一片惊愕的目光中，走到那位教授的面前一鞠躬说："我以艺术的名义向教授申请接过您手中的指挥棒！"

面对这样一张年轻而坚毅的脸，教授找不出任何理由拒绝，他把手中的指挥棒递给了郑小瑛。她转过身，对乐手们点头示意，指挥开始了：只见指挥棒在她的手中时而急促有力，时而缓和悠扬，音乐就像是从她指挥棒上流淌出来似的，时而奔腾如雷，时而平静似水，她那热情奔放，气魄雄伟的指挥蕴藏着无比强烈的艺术感染力，简直无懈可击，完美无瑕，就连那位扭伤脚的教授和观众席上的海金、依·波·拜因也频频点头。一曲结束，掌声四下雷起，海金和拜因更是对郑小瑛做出了这样的评价："她，将来必定是一位卓越的指挥家！"

当天，海金正式向郑小瑛提出邀请，让她进入苏联国家歌剧院深造指挥艺术。"艺术应该属于任何人，不应该有性别之分！"海金说。进入国家歌剧院后，郑小瑛刻苦学习，先后成功地指挥了《托斯卡》《茶花女》等一系列苏联经典歌剧，在苏联引起了极大的轰动。

几年后，郑小瑛学成回国，为音乐事业做出了不少伟大贡献，最终成为中国甚至是全球第一位卓越的交响乐女性指挥家。2010年，82岁的郑小瑛被首届中国歌剧艺术成就大典授予终身成就荣誉奖！

郑小瑛成功地实现了她的梦想，成为一名卓越的交响乐女性指挥家。然而，郑小瑛的成功却绝非偶然，如果不是有着对艺术的执着追求，成为指挥家的坚定信念，以及努力把梦想变为现实的一颗果敢行动的心，那也不会成就这个中国甚至全球第一位的交响乐女性指挥家。

雄鹰的舞台是苍天，在那里飞出一道俊逸潇洒的弧线；鱼儿的舞台是江海，在那里展现一派鱼翔浅底的惬意；苍松的舞台是峭壁，在那里演绎栉风沐雨的坚韧。

是蜡烛，就要燃烧；是粉笔，就甘愿"粉身碎骨"；是溪流，就要东流入海；是水滴，就要折射太阳的光彩。因为这些，才是它们的舞台。

找准自己的舞台，是对自己的未来有一个清醒的认识，"我将来了要做什么""我将来能做什么"的一个答复；找准自己的舞台，给自己拟订一个切实可行的人生规划，并一步一个脚印地朝着这个目标为之奋斗，一步步朝着终点前进，直至成功；找准自己的舞台，更是对自己的一种鞭策，有了目标，就有了热情，有了积极性，有了使命感和成就感。找准自己的舞台，让我们每个人都在各自的舞台上尽情抒写辉煌。

坚守梦想，有计划地前行

从小到大，我们总会做着许许多多的梦，梦想着成为一名科学家或者太空人，又或者当一名售票员……生活每天都在变，梦想也跟着生活的脚步一起在变动。今天想做这件事，明天又想做那件事，像猴子掰玉米一样，看到一个想一个，到头来，却什么都没得到。

从前，一个农夫有两个女儿。大女儿漂亮、善良，多情，人见人爱，大家都宠着她，说她有一天是要嫁到皇宫里去的。小女儿却长相平平，也没有什么突出的个性，她是在大家的忽视中慢慢长大的。大女儿白天帮母亲料理家务，闲下来就浇浇花、喂喂鸟，完全不知日子的流逝，对未来也没什么打算。她的人生早就被她母亲安排好了，那就是通过走访那些和贵族沾边的远亲来结识上层人士，尽可能地嫁给高官或皇族。这是他们全家人的希望，除了小女儿。她整天蹲在一堆破布和针线当中。她有一个愿望，就是做世界上最美丽的衣裙。

她从小就看到全家人省吃俭用给姐姐买的花裙子，是那样的漂亮，就像展翅的蝴蝶，又像吐蕊的花蕾。她也曾趁大家熟睡的时候，偷偷穿在身上，在月光下跳舞。可是，那些裙子到底不是她的，是姐姐的呀，全家省吃俭用一年只能买一条这样贵的裙子。后来再大一些，她就不再偷穿姐姐的裙子了，而是暗暗下决心，要自己缝制漂亮的花裙。从那个时候起，她总是想方设法在村子里收集各种废旧剩余的布料，照着样子缝制裙子。她的针线活越做越好，缝的补丁都看不见针脚，而且她能够按照补丁的形状缝成花啊、太阳啊、蜻蜓啊，完全看不出来是块补丁。她的手艺引起了村里裁缝的注意，裁缝就让她到店里帮忙。从此，她开始了正规的缝纫学习。

就在她进入裁缝店的时候，她的姐姐也开始了相亲。农夫和他的妻子用小女儿缝制的衣裙，把他们的大女儿打扮成大户人家的小姐，让她去参加各个社交舞会，以求能够遇见贵人。小女儿曾经对姐姐说，如果不想去可以拒绝的。但是那个美丽的人，她不知道自己要什么、能做什么，倒不如听从父母的安排。时间就这样过去了，大女儿终于找到一个愿意接受她的贵族，可是这个贵族已经四十岁了，右腿有些不灵便，而且还带着前妻留下的两个孩子。同时，小女儿也来到城里——村里的裁缝资助她到著名的裁缝店学习。大女儿出嫁了，她的父母很开心，得到了一大笔钱，而她自己却无所谓快乐不快乐。她没有什么想要的，也不知道能做什么，只是听从命运的安排。偶尔，她会羡慕妹妹的梦想和努力，但那也只是一小会儿罢了。

小女儿的手艺越来越好，很多上层贵族都喜欢找她做衣服。当她姐姐有了第一个孩子的时候，她终于攒够钱，可以自己开店了。她是多么激动啊，她终于能专心设计，朝着"最美丽的衣裙"这个梦想迈进，还可以免费为那些穷苦的女孩子裁剪漂亮的裙子。小女儿的生活充实而快乐，相反，她的大姐开始渐渐地枯萎。她生活在"家庭"的形式中，对自己的丈夫、孩子没有热情。也许，她从来就没有对什么怀抱过热情。她很好地履行一个妻子的职责，仅此而已。你再也找不到那个喂鸟养花的美丽的人，这里只是一副躯壳，容颜凄美、衣着华丽。小女儿很多次劝姐姐想想自己的梦想。可是，那个被上帝眷顾的人淡淡地说，没什么想要的，也没什么可做的。

小女儿的手艺和善行终于传到了皇宫里。公主出嫁的时候，她奉命裁制嫁衣。小女儿说，仅有尺寸是不行的，她需要见到公主本人，才能知道她最适合什么样的衣服，衣裙不仅要合尺寸，更要和人的气质相和谐。于是，她被特准进了皇宫。嫁衣做好了，公主穿上后惊艳四方，各国的王公贵族都非常喜欢，纷纷打听是在哪里定做的。小女儿在京城中一下子成了名人，然而真正令她高兴的是，她终于做成了世界上最美丽的衣裙。然而，更意想不到的是，在她给公主量体裁衣的时候，公主的哥哥，本国的国王恰好经过。于是，不久后她成了王后。王后之命，那是人们曾经给她姐姐的预言，却在她身上应验了。不过，那不是命运的恩赐，而是她依靠自己的努力获得的。

　　小女儿成功了，一直坚守做一条"最美丽的衣裙"的梦想，她不仅成为一名出色的裁缝，成功地实现了她的梦想，而且还收获了自己的幸福，成了国王的王后，实现了原本在她姐姐身上的预言，王后之命。而大女儿呢，对于生活，从来没有自己的想法，从来不知道自己要什么，任何事情都是让父母安排好了让自己去做，日子也就在浑浑噩噩中度过，蹉跎了一生的美好年华。

　　人生，有梦想是一件很美好的事情，但对于自己认定了的梦想，要学会坚守，要有"咬定青山不放松"的信念。面对梦想，若一味地三心二意，像小学课本《猴子掰玉米》里的那只猴子一样，看到一个丢一个，最后只能落得两手空空。

　　坚守自己的梦想，纵然前路漫漫，旅途中荆棘密布也不要放弃；坚守梦想，在自己的人生之路上，做到有计划地前进，会使你的人生变得丰富有意义；坚守梦想，活在当下，放眼未来，并脚踏实地地走好每一步，成功就在不远处。

合理规划，向着心灵的召唤前进

法国作家雨果说过："有些人每天早上计划好一天的工作，然后照此实行。他们是有效利用时间的人。而那些平时毫无计划，靠遇到事情现打主意过日子的人，生活里只有'混乱'二字。"

生物学家沃森在回顾自己的职业生涯时说："我的助手有一个非常好的习惯，这也是我一直没有替换他的主要原因。他有一本形影不离的工作日记，每天早晨，他都会把前一天写好的工作计划再翻看一遍，而在一天的工作结束后，他要对这一天的工作进行总结，同时把下一天的计划再做出来。"

可见，制订计划可以让工作生活变得更加高效，为自己节省时间的同时，让生活也避免了很多不必要的麻烦。制订计划是一种很好的行为，它能有效地引导我们的行动，使我们的生活变得井井有条。

美国西部的一个小乡村，一位家境清贫的少年在 15 岁那年，写下了他气势非凡的毕生愿望："要到尼罗河、亚马孙河和刚果河探险；要登上珠穆朗玛峰、乞力马扎罗山和麦金利峰；要去看大象、骆驼、鸵鸟和野马；探访马可·波罗和亚历山大一世走过的道路；主演一部《人猿泰山》那样的电影；驾驶飞行器起飞降落；读完莎士比亚、柏拉图和亚里士多德的著作；谱一部乐曲；写一本书；拥有一项发明专利；给非洲的孩子筹集一百万美元捐款……"

他洋洋洒洒地一口气列举了 127 项人生的宏伟志愿。不要说实现它们，就是看一看，也足够让人望而生畏了。

少年的心却被他那庞大的毕生愿望鼓荡得风帆竞起，他的全部心思都已被那一生的愿望紧紧地牵引着，并让他从此开始了将梦想转变为现实的漫漫征程。在历经一路风霜雨雪之后，他硬是把一个个近乎空想的夙愿，变成了活生生的现实，他也因此一次次地品味到了搏击与成功的喜悦。44 年后，他终于实现了《一生的愿望》中的 106 个愿望。

他就是 20 世纪著名的探险家约翰·戈达德。

当有人惊讶地追问他是凭着怎样的力量把这么多的"不可能"踩在了脚下时，他微笑着如此回答："很简单，我只是让心灵先到达那个地方，随后，周身就有了一股神奇的力量，接下来，就只需沿着心灵的召唤前进了。"

沿着心灵的召唤前进，先为自己的人生做一个自己认为合理的规划，然后带着计划行走，时刻不忘自己出发的目的，并使自己在行进的过程中一步步朝着这个目标向前迈进。带着计划行走，才能在漫漫人生路上对自己始终保持一个清醒的认识，不忘自己出发时的初衷，才不会偏离航道，始终朝着目标前进，最终把梦想变为现实。

在追梦的路上要带上行动

安妮是大学里艺术团的歌剧演员。在一次校际演讲比赛中，她向人们展示了一个最为璀璨的梦想：大学毕业后，先去欧洲旅游一年，然后要在纽约百老汇中成为一名优秀的主角。

当天下午，安妮的心理学老师找到她，尖锐地问了一句："你今天去百老汇跟毕业后去有什么差别？"安妮仔细一想："是呀，大学生活并不能帮我争取到去百老汇工作的机会。"于是，安妮决定一年以后就去百老汇闯荡。

这时，老师又冷不丁地问她："你现在去跟一年以后去有什么不同？"安妮苦思冥想了一会儿，对老师说，她决定下学期就出发。老师紧追不舍地问："你下学期去跟今天去，有什么不一样？"安妮有些晕眩了，想想那个金碧辉煌的舞台和那双在睡梦中萦绕不绝的红舞鞋，她终于决定下个月就前往百老汇。

老师乘胜追击地问："一个月以后去跟今天去有什么不同？"安妮激动不已，她情不自禁地说："好，给我一个星期的时间准备一下，我就出发。"老师步步紧逼："所有的生活用品在百老汇都能买到，你一个星期以后去和今天去有什么差别？"

安妮终于双眼盈泪地说："好，我明天就去。"老师赞许地点点头，说："我已经帮你订好明天的机票了。"第二天，安妮就飞赶到全世界巅峰艺术殿堂——美国百老汇。当时，百老汇的制片人正在酝酿一部经典剧目，几百名各国艺术家前去应征主角。按当时的应聘步骤，是先挑出 10 个候选人，然后，让他们每人按剧本的要求演绎一段主角的对白。这意味着要经过百里挑一的两轮艰苦角逐才能胜出。安妮到了纽约后，并没有急着去漂染头发、买靓衫，而是费尽周折从一个化妆师手里要到了将排演的剧本。这以后的两天中，安妮闭门苦读，悄悄演练。正式面试那天，安妮是第48个出场的，当制片人要她说说自己的表演经历时，安妮粲然一笑，说："我可以给您表演一段原来在学校排演的剧目吗？就一分钟。"制片人首肯了，他不愿让这个热爱艺术的青年失望。而当制片人听到传进自己鼓膜里的声音，竟然是将要排演的剧目对白，而且，面前的这个姑娘感情如此真挚，表演如此惟妙惟肖时，他惊呆了！他马上通知工作人员结束面试，主角非安妮莫属。就这样，安妮来到纽约的第一天就顺利地进入了百老汇，穿上了她人生中的第一双红舞鞋。

有了梦想就要及时行动，一味地往后拖延只会让机会从你手中白白溜走。

王强是一个很普通的乡下孩子，因为没考上高中而来到城里做起了厨师学徒，和所有的年轻人一样，在工余时间也常去网吧里玩玩游戏。一次，他们正在一家网吧里上网，忽然电脑系统出了故障，网吧里的人只能愣在电脑面前等着技术人员修好，但是足足过了二十来分钟还没有恢复，有的退钱走人，有些不想走的索性就坐在沙发上大发牢骚，老板安慰大家说："每家网吧都会出现这样的情况，这是行业通病，没办法的！"说者无心，听者有意！王强心想，既然每家网吧都会出现这样的问题，那如果有一家能专门针对网吧的电脑维修公司，不是有很大的市场？

从那一刻起，王强对电脑的兴趣就从游戏转到了系统、程序上，半个月后，他把足足两个月的工资交到了一家计算机学校，开始学起了网页设计、办公软件等电脑知识。师兄弟们纷纷在背地里取笑他说："一个连高中都没有上过的农村孩子，还想从事什么电脑行业，简直是痴人说梦！"王强的师父也不止一次地提醒他认真学烧菜才是应该做的事情，甚至还因为他的两头忙而狠狠地批评过王强。但是这没有挡住王强追求梦想的决心，他心里面总是想着那个空白的市场，成立一家为网吧服务的电脑公司！

为了不让师父责备，他尽量做到不迟到不早退，把所有学习电脑的时间都安排在业余时间里。因为勤奋和努力，他的电脑水平一直名列全校前茅。后来，一家私人企业到学校来招聘优秀学员，学校很自然地推荐了王强。于是王强辞掉了厨师的工作，去了那家私人企业里上班。王强边工作边总结，电脑技术变得更加熟练，但半年后的一次，因为在工作中犯了个大失误而被企业辞退了，王强一下子跌入了失业的深渊。

在自责和自省中，王强在网吧里找到了一份工作，从事网吧的系统维护、架设服务器、安装游戏、寻找页面、做网页设计，一年多的时间里，王强对网吧的流程、设备的维护、网络的管理等方面都了如指掌，于是决定辞职自己干。他打印了许多宣传单，给网吧做电影更新，给毕业学生们做些视频简历。可是当时大家对这种简历的认可度不高，而且费用也不低，坚持了半年鲜有顾客，只能关门大吉。就这样，王强第一次创业失败了。

这时，他那些做厨师的师兄弟们非常善意地对他说："算了，心不要太高，好好做厨师吧！那些事情不是你这样的人所能做的！"

王强感谢师兄弟们的关心，但并没有因此而改变自己的梦想。他觉得电脑已经越来越普及，各地的网吧更是如雨后春笋般冒出，而所缺少的正是他这类拥有专业技术的人。王强再次打印了一些宣传单，挨家发给一些网吧，又从朋友那里借来电脑、硬盘和其他一些专业工具，最后到旧货市场买了一张旧写字台，成立了一家小型网络公司，并且采用了免费试用来吸引客户。没多久，一家网吧老板试用了他的服务，一周后，老板决定用4000元一次性购买他的电脑网络系统维护产品。

得到这家网吧的认可，不仅使他做成了第一笔生意，更为他打造了一个业务示范模本，就这样第二家、第三家紧接而来。

十年时间过去了，当初的小厨师如今已经成为邯郸一家大型网络公司的老板，办公地点也从出租房移到了写字楼，技术队伍更发展到了 30 多人，能从事多项网络技术，每年的经营利润就能达到 26 万元以上。目前，王强又把客户范围延伸至企事业单位电脑的网络维护、网络安全管理等。对于将来，王强打算在附近的石家庄、保定以及河南的安阳、山东的聊城等地陆续开设分公司，努力成为最大的网络公司。

人生在世，我们都是有梦的。然而，面对生活，我们却习惯性地把梦想推给"明天"，推给无数个借口。于是，梦想就在这日复一日地推脱中被我们磨平、消耗掉了，面对生活，面对曾经的那些梦想，只能徒留遗憾。

有梦的人生是绚烂的，梦想是对现实生活的一个美好愿望，是给自己人生设立的一个目标，让人前进的动力。然而，光有梦想的人生却是虚无的，只有梦想，却无行动来支撑的梦想无疑是纸上谈兵般的不切实际。

古希腊哲学家德谟克利特说："一切都靠一张嘴来谈理想而丝毫不实干的人，是虚伪和假仁假义的。"唯有做到理想与行动二者合一，才有可能让梦想变为现实。

所以，有梦的人生是好的，但要记得在制作梦想蓝图的过程中带着行动上路。

有计划没行动，只能原地打转

古人常说：千里之行，始于足下。再远的路一步一个脚印地走，也总有到达终点的一天；再小的河流，经过聚集也可以汇成汪洋的大海。计划亦如是，无论远大或是渺小的梦想，都需从点滴做起，着眼当下，才有可能接近最终的目标。

有一位武艺高强的大师隐居于山林中。

醉心于武学的人们都千里迢迢来到深山中寻找大师，希望大师能传授他们武学的要领、窍门。

他们到达深山的时候，发现大师正从山谷里挑水。

让人们觉得奇怪的是，大师两只水桶里的水都没有装满。

按他们的想象，武学造诣深厚的大师应该能够挑很大的桶，而且挑得满满的。

于是，他们询问大师这是什么道理，为什么不用大桶挑满水呢？

大师说："挑水之道并不在于挑多，而在于挑得够用。一味贪多，适得其反。"看着众人越发不解的眼神，大师就从他们中拉了一个人，让他重新从山谷里打了两桶满满的水。那人挑得非常吃力，摇摇晃晃，没走几步，就跌倒在地，水全都洒了，那人的膝盖也摔破了。

"水洒了，岂不是还得回头重打一桶吗？膝盖破了，走路艰难，岂不是比刚才挑得还慢吗？"大师说。

"那么大师，请问具体挑多少，怎么估计呢？"有人问道。

大师笑道："你们看我手指的方向。"

众人看去，桶里画了一条线。

大师说："这条线是底线，水绝对不能高于这条线，高于这条线就超过了自己的能力和需要。起初还需要画一条线，挑的次数多了以后就不用看那条线了，凭感觉就知道是多是少。有这条线，可以提醒我们，凡事要尽力而为，也要量力而行。"

众人又问："那么底线应该定多低呢？"

大师说："一般来说，越低越好，因为这样低的目标容易实现，人的勇气不容易受到挫伤，相反会培养起我们更大的兴趣和热情，长此以往，循序渐进，自然会挑得更多、挑得更稳。"

大师的这番言论，表面上看是在说挑水的哲学，其实又何尝不是在告诉众人武学的窍门，人生成功的秘诀：先从低处着手，才更容易实现目标，才能在这样的过程中培养我们更大的兴趣和热情。

日本前首相田中角荣，青少年时期就踌躇满志，豪气冲天，他期望自己日后能成为演说家、政治家。可他生来有口吃的毛病，这一不幸是预期目标的严重阻碍，但田中角荣并没有因生理缺陷而放弃自己的理想。他一直试验多种方法来克服这一缺陷：他学习唱歌，用歌曲的节拍感增强语言表达时的音节感；他把小石头含在口中控制舌头的运动，以校正发音。由于持之以恒，他终于克服口吃的毛病，从而迅速提高口头语言表达能力。他进入政界，发表演说，参加竞选，最终成为日本首相。"功夫不负有心人"的格言又一次得到了验证。

凡事要坚持从小事做起，不要急于求成，不要被困难吓倒，不放过一丝一毫的细节，才能实现雄心壮志。

有这样一个故事：有人对一只小闹钟说："你一年要重复不停地'嘀嗒'三千多万次，你能忍受这种枯燥乏味的生活吗？"小闹钟听后十分沮丧。一只老怀表对小闹钟说："不要只想着一年怎么'嘀嗒'三千多万次，只要坚持每秒'嘀嗒'一次就行了。"于是，小闹钟按照老怀表说的去做。一年过去了，小闹钟顺利完成了"嘀嗒"三千多万次的任务，变得更加成熟和坚强。

人生，有远大的目标固然好，但一味只盯着前方的目标只会让我们望而生畏。不如先着眼于当下的点滴，从小事做起，认真对待每一天，坚持做好当下一点一滴的事，距离成功的目标一定会越来越近。

第五章
抓住幸福，享受即时的精彩

福在哪里呢？福就在身边啊，这人真是身在福中不知福！很多时候，我们只能在失去之后，才知道当初的拥有是多么的幸福。眼明、耳聪、脚健，这些平常得不能再平常的事，在不少失去健康的人眼里又是一件多么幸福的事。而即使是疼痛，在一些人眼里也是一件幸事：毕竟，你还能感觉得到疼痛。

人生路上的每个风景，错过了，就不会再来。行动起来吧，让我们用有限的时间、有限的金钱、有限的精力，去看无限风景吧！

带着感恩的心上路

人，总是在一个群体中生活，就像许许多多的社群动物一样，我们不能够脱离集体，脱离社会，脱离我们的社会生活。要想在社会中生活下去，就首先要融入我们的社会，就必须学会感恩。在人生的漫长旅途中，我们可以忘记过去的痛苦，也可以忘记曾经的欢乐，但却不能忘记别人曾给予的帮助，哪怕只是一杯水、一勺羹、一个微笑。尽管它们十分微小，但却有足够的力量使你重新振作起来。带着感恩的心踏上这条漫漫人生路，你会发现，前方不只有荆棘、阴霾，同样也还有着鲜花，有着阳光。学会感恩，拥有一颗感恩之心，哪怕只是一点点，就已足够。

有一个故事，讲的是一个勤快而又善解人意的妻子，数年如一日地照料自己的丈夫和儿女。但奇怪的是，她却从来没有从家人身上得到过任何感激。

有一天，这个妻子问她的丈夫："如果有一天我死了，你会不会买花为我哀悼。"

她丈夫惊讶地说："当然会啊！你这是在胡说些什么?"

妻子一本正经地说"等我死了以后，再多的鲜花都已经没有意义了，不如趁我还活着的时候，送我一朵花就够了。"

其实，有时候，一朵花就可以表示谢意，给对方喜悦及满足。感恩，不一定是感谢大恩大德，它更像是一种生活态度，是一种隐藏在灵魂之间的文明。可惜的是，有些人并非不愿意表示感恩，而是天性木讷、害羞，不好意思大声地当面对人家说"谢谢"，或是不懂得如何适当地去表达自己的谢意。也许，对方并不期待你的回馈和报答，但这并不意味着受恩者就可以因此而忽略向对方表示谢意。及时的道谢，可以让彼此的心意幸福地传达。施恩和感恩其实就是一个快乐传递的过程。

表达自己的感恩之心和接受别人的感恩都是需要去练习的，并且，我们还要将它培养成一种习惯。"大恩不言谢"只是客套话而已，"滴水之恩当涌泉相报"才是感恩的最高境界。感恩，也不仅仅是感谢亲人、老师、朋友，也可能是感谢那些给予你能量或营养的食物，也或者是感谢一草一木的陪伴。我们需要做的是在面对食物的时候懂得珍惜，少一分浪费；在我们面对草坪、面对森林的时候，少一分践踏、少一分不合理的砍伐而已。

感恩是一种文明。没有感恩的心，可能感觉不到自己的冰冷，但拥有感恩的心，一定能感受到这个世界的温暖。只要有感恩之意，一句"谢谢"也会因为彼此之间的真诚而变成滋润彼此心田的甘泉。

幸福始于最简单的心境

幸福始于最简单的心境，它不在高处，不一定要历经辉煌，更不需要你跋山涉水地寻找，它其实就在你的身边，只要你用心留意，你就会发现，其实，幸福很普通，幸福很简单。正如有人曾说："简单不一定最美，但最美的一定很简单。"由此可见，简单的生活才是幸福的源泉。

越来越多的人觉得自己不幸福，不是因为幸福不在他们身边，而是因为他们总单纯地认为幸福不会在低处盘旋，幸福肯定在高处等待。于是，人们奋不顾身地往高处爬，去寻找那梦想中的幸福，殊不知，幸福其实一直都在，就如陈奕迅唱的一首歌《路一直都在》，"没有想过回头，一段又一段走不完的旅程，什么时候能走完，噢，我的，梦代表什么，又是什么让我们不安"。有些时候，我们一味地朝着某个目标走，行色匆匆却错过了好多东西。

简单即是幸福。自然的生活是最具幸福感的生活，只不过，生活在现代社会中的人，为了理想和追求让忙碌遮住了双眼，再也无法体会到自然之本的含义，满眼只充斥着金钱利益，满耳都是嘈杂纷乱……对于这样的"忙碌"族群来说，幸福成了一种奢侈。

这么说来，想要获得幸福，首先应做的就是恢复幸福的心境，抛开平日里复杂的想法和太多的杞人忧天，用自然简单的方式去经营生活，你会发现，其实你的幸福并未走远，而你的人生也不会如你所担忧的那般变得单一无聊，因为你心境平和，你能发现更多，得到更多，生活也会因此而五彩缤纷。

当然，生活中也难免一提到"自然、简单"有人就会不屑地说

"那是没有上进心的人说的话"。这些人总是错误地认为，"自然、简单"的生活就等于清贫，是逆来顺受、毫无上进心的表现。其实，这完全是一种误解。要知道，生命并不总是华丽多彩的，也并不只有名利财富能够充实我们的人生。感受辉煌总是美好的，但人生中的辉煌能有多少？辉煌过后又是什么？所以说，人生最幸福的事情，不是等待辉煌的时刻，而是如何简单地生活。有时候，一栋房子给不了人情感上真正的温暖，但一句简单而真诚的话却可以给人以心灵的慰藉。要知道，真正能够满足人心，给人带来幸福感的，往往就是那些生活中简单而平凡的小事儿。

的确，幸福往往潜伏在简单的生活之中，正如有人曾说："简单不一定最美，但最美的一定很简单。"由此可见，简单的生活才是幸福的源泉。

可简单这件事儿，总是说起来容易，做起来不简单——因为，人的一生，不可避免的要有欲望，要有追求。人要真的毫无追求、欲望了，人生也就没有意义了。但人们在追求的过程中，难免为了一些根本无关紧要的事情而分心，如我们的攀比心理、嫉妒心理……这些本不该有的情绪，打乱了我们的追求，把我们生活变得复杂，心也随之而不堪重负，试问，这样的我们如何能够体会到生命中的幸福呢？如何获得简单之中的快乐呢？

我们只有放下心里那些不该存在的包袱，才能让人生的路走得更加快乐轻松。那么，放在现实生活中，我们该如何做呢？

其实，我们的人生大体可以分为三个部分，"我的事情、他们的事情、未来的事情"。

现实中，人们的烦恼多半是因为做不好"我的事情"、总分心"他们的事情"、瞎操心"未来的事情"，比如，"要做什么样的工作，何时结婚……"这是"我的事情"；"谁和谁分手了，有了外遇"这是

"他们的事情"；"会不会有世界末日"这是"未来的事情"。

人们的烦恼因为这些事情越积越多，最后不堪重负。因此，想要简单幸福的生活，你首先要看淡"我的事情"，不必强求，顺其自然，尽自己的所能即可；别管"他们的事情"，生活又不是八卦杂志，何必总烦别人的烦恼，想知道别人的隐私呢？最后，就是别操心"未来的事情"，以后会怎样谁也不知道，你能做的就是过好今天即可。

记住以上的话，每个人都可以是幸福的，只要他记住这个道理——简单即是幸福！

别想远方模糊的，要看手边清楚的

现代社会，大多数人都已不重视"现在"，他们总是若有所想，心不在焉，想着明天、明年，甚至下半辈子的事。有人说"我明年要赚得更多"，有人说"我以后要换更大的房子"，有人说"我打算找更好的工作"。后来，钱真的赚得更多，房子也换得更大，职位也连升好几级，可是，他们并没有变得更快乐，并且还是觉得不满足："唉！我应该再多赚点！职位更高一点，想办法过得更舒适一点！"

他们的眼睛总是不停地向前、向上看，总是幻想着远方有更好的风景，却一味地忽略了现在。这些人就算得到再多，也不会觉得快乐。他们不仅现在觉得不够，以后也不会赚够。他们忘了真正的满足不是在"以后"，而是在"此时此刻"。有些想追求的美好事物，不必费心等到以后，现在便已拥有。

一匹可敬的老马失去了老伴，身边只有唯一的儿子和自己在一起生活。老马十分疼爱儿子，把他带到一片草地上去抚养，那里有流水，有花卉，还有诱人的绿荫。总之，那里具有幸福生活所需的一切。

但小马驹根本不把这种幸福的生活放在眼里，每天吃着嫩绿的三叶草却抱怨口味单一，在鲜花遍地的原野上毫无目的地东奔西跑，却抱怨景色单调，再不就呼呼大睡。

这匹又懒又胖的小马驹对这样的生活逐渐厌烦了，对这片美丽的草地也产生了反感。它找到父亲，对它说："近来我的身体不舒服。这片草地不卫生，伤害了我；这些三叶草没有香味；这里的水中带泥沙；我们在这里呼吸的空气刺激了我的肺。一句话，除非我们离开这儿，不然我就要死了。"

"我亲爱的儿子，既然这有关你的生命，"它的父亲答道，"那我们就马上离开这儿。"它们说完就行动——父子俩立刻出发去寻找一个新的家。

小马驹听说出去旅行，高兴得嘶叫起来，而老马却不那么快乐，只是安详地走着，在前面领路。它让它的孩子爬上陡峭而荒芜的高山，那山上没有牧草，就连可充饥的东西也没有一点儿。

天快黑了，仍然没有牧草，父子俩只好空着肚子躺下睡觉。第二天，它们几乎饿得筋疲力尽了，只吃到了一些长不高而且是带刺的灌木丛，但它们心里已十分满意。现在小马驹不再奔跑了。又过了两天，它几乎迈了前腿就拖不动后腿了。

老马心想，现在给它的教训已经足够了，就趁天黑把儿子偷偷带回原来的草地。马驹一发现嫩草，就急忙地去吃。

"啊！这是多么绝妙的美味啊！多么好的绿草呀！"小马驹高兴地跳了起来，"哪儿来得这么甜这么嫩的东西？父亲，我们不要再往前去找了，也别回老家去了——让我们永远留在这个可爱的地方吧，我们就在这里安家吧，哪个地方能跟这里相比呀！"

小马驹这样说，而它的父亲也答应了它的请求。天亮了，小马驹突然认出了这个地方原来就是几天前它离开的那片草地。它垂下了眼睛，非常羞愧。

珍惜人生路上伴你同行的人

世上最善变的就要数时间。某一刻温顺，某一刻善意，某一刻疯癫，某一刻黑暗。你永远不知道下一刻生活会以怎样的方式呈现在你面前，而我们唯一能做的就是抓住这一刻的时间，赶紧享受幸福。

刘先生永远都会记得那个晚上，他像平时一样在看体育新闻，妻子洗了澡出来对他说："我的脚上怎么多了一颗黑痣？"刘先生是一个毫无医学常识的人，觉得女人都喜欢大惊小怪，就没有理会她。

他们的生活应该说是很和谐、安逸的。自从刘先生在公司任了高职之后，妻子就当起了全职太太。刘先生的工作三天两头加班，还经常出差，有时候一走就是两三个星期。出差在外，别人都会担心家里老人身体如何，孩子功课怎样。而刘先生，总是悠闲笃定的。他知道，妻子会去照顾父母，会辅导儿子功课。他们早就买了车，住进了三室两厅大房子。虽然他们早就忘记了浪漫是怎么回事，但两人感情一直很好。

刘先生的妻子以前是一位药剂师，有一点医学常识。她知道这种莫名其妙、不痛不痒，忽然长出来的黑痣可能有问题。她自己去看了医生，诊断下来是皮肤癌。这个结果把刘先生吓蒙了。那些日子，他陪着妻子跑遍了最有名的大医院。所有的诊断都一样，并且得知，她得的这种癌症的死亡率是90%，是皮肤癌中最最凶险的一种。不久，就像医生预言的那样，妻子的腿上、胳膊上、背上也不断长出新的黑痣来。妻子的身体和精神也渐渐开始衰弱。她住进了医院。没有了她的家变得冷清。厨房里没有了热气，家具上都蒙上了灰。以前温暖、舒适的家变成了一个几乎他不认识的地方。刘先生对家里的许多东西都感到陌生。用微波炉解冻、蒸饭，搞了半天他也不知道分别用哪一档。煮一碗速食面、热一碗汤，弄出来的味道怎么就和妻子弄的不一样。以前，妻子轻而易举就递给他的日用品，现在他翻遍了抽屉也找不到。

从妻子住院，刘先生就开始休公假、请事假，尽量多陪妻子。因为这时候他才明白，如果没有一个家，如果家里没有一个体贴的妻子，男人挣再多的钱，在外面再风光也是空的。

就在她病情趋向恶化的时候，朋友告诉刘先生说，广州有一个专门治疗这类皮肤癌的医院，有类似的病例在那儿被治愈过，但费用很贵，一个疗程三个月，大约要三十多万元，治愈率大概有 30%。当刘先生把这个消息告诉妻子的时候，被病痛折磨得近乎失神的妻子对丈夫清清楚楚地说了一句话："我要活下去！"

真的，以前刘先生从来没有觉得他们是多么恩爱的夫妻，可是，那一刻，他觉得他俩是世界上最最相爱、最最适合做夫妻的人。妻子要活下去，刘先生要让妻子活下去。他们要一起变老，一起等儿子长大，一起听儿子的儿子喊他们"爷爷、奶奶"。刘先生下了决心陪妻子去广州。他去公司请假的时候，听到有同事在轻声说："如果是我，就省省了，30 万，万一没治好，不是人财两空嘛。"说这些话的人没有体会过亲人将要离去的悲哀，也不知道这一生机带给刘先生的希望。

去广州之前，刘先生按照妻子开的单子买了许多日用品。当刘先生提着袋子走出超市的时候，他觉得很重。这么多年来，家里的一切她都安排得井井有条，他从来不知道米多少钱一袋，油多少钱一桶，也从来不知道这些东西从超市拎到家里会这么累。他一直觉得家里的顶梁柱是自己，当她骤然倒下的时候，他才意识到，妻子才是家里的主心骨。

开始的一个月治疗下来，妻子似乎觉得好一点了。偶尔，刘先生还搀着她在花园里散散步。他们常常在一起回忆，回忆恋爱时的青涩，结婚时的甜蜜，儿子出生时的幸福……他们在广州度过了结婚以来最最亲密的日子。那三个月里，他们朝夕相处、寸步不离，常常一起笑一起哭，想不起来有多久他们已经没有这样倾心交谈过了。三个月里，刘先生眼看着妻子慢慢地憔悴，特殊治疗对她也不起作用，她终于连一碗粥也喝不下了。到了后来，妻子对刘先生说："我想回家。"就这样，他们带着绝望的心情回到了家。

回家之后，妻子的身体越来越弱，而且癌症病人最害怕的疼痛症状也显示出来。妻子整夜整夜地睡不着，整夜整夜地被疼痛折磨得辗转反侧、痛苦呻吟，止痛针也不起作用。刘先生恨不得去代她受苦，代她痛，他实在不愿看到她这么痛苦。

偶尔妻子觉得好一点儿的时候，就开始向丈夫交代家事。他这才知道，家务事那么多、那么烦琐，妻子一个人平时在家里是这么忙碌。妻子还告诉丈夫，他爱吃的猪蹄是在哪家饭店买的，他平常穿的内衣，要买哪一个牌子，他的西装都是在哪家商场买的。

临终前几天，她一直说同他结婚，她很幸福；说他们在广州的三个月，是她一生最幸福的日子。妻子去世的那天，很平静。刘先生告诉儿子，妈妈是去了另一个地方等他们，将来他们还会在那里团聚，那时候，妈妈还是妈妈，爸爸还是爸爸，儿子依旧是他们的孩子。

现在，刘先生最怕看到人家快快乐乐的一家三口，每次路过他们一起去过的地方，他都忍不住要哭。用洗衣机的时候，按微波炉的时候，为儿子找换季衣服的时候，加班回家晚了自己泡方便面的时候，半夜里醒来发现一个人睡在那张大床上的时候，他都想哭。

妻子在的时候，他并没有感觉到有什么特别的幸福，妻子不在的时候，仿佛天塌了。

总是在拥有时不懂得珍惜，却又在失去后追悔莫及。其实，生活中的大多数人莫不是这样，在拥有时觉得时间还早，还来得及珍惜、享受，却又一次次地忽略，一次次地错过；于是，当快要失去时才来后悔，才想来抓住一点幸福，却为时已晚。

活在当下，抓住幸福，好好珍惜你的另一半，多留一点时间给对方，不要忽视对方为你所做的一切，不要等到失去了才懂得对方的美好。

老马对小马驹说："我亲爱的孩子，要记住这句格言：幸福其实就在你的眼前。"

"幸福其实就在你的眼前"，人生的意义，不过是嗅嗅身旁每一朵绮丽的花，享受一路走来的点点滴滴而已。毕竟昨日已成历史，明日尚不可知，只有"现在"才是上天赐予我们最好的礼物。

享受现在的拥有，为我们有一个幸福的家而感到富足，有一个健康的身体而觉得快乐，有一分令人满意的工作而觉得充实……人生，不过如白驹过隙，何必非要去苦苦追寻那些如浮云般虚无缥缈的东西。人生，把握当下才是关键，懂得拥有现在并享受当下生活给你的一切才是幸福的。

要学会欣赏沿途的景色

一个人登山为了什么？是为了登顶，还是为了享受登顶过程中的美景？

人生没有绝对的顶峰，在不停攀登的过程中，要学会欣赏一路的景色。人生应该有两个目标：第一是得到想要的东西，尽力去争取；第二是享受你现在所拥有的。然而只有最聪明的人才能做到后者。常人总是朝着第一个目标迈进，他们根本不懂得享受。

我有一个朋友，在北京打拼十多年，已经有豪宅，有名车，有娇妻，有爱子。这样的人生，应该是幸福美满的。但他却并不开心。商战的搏杀让他神经衰弱，失眠与多梦折磨了他数年，怎么治疗也不见好转。心理医生建议他每年给自己放半个月假，外出度假放松自己，但依然不见效。有一次，我一家三口与他一家三口去结伴云南度假，刚一下飞机，就见到他急忙打开手机，给自己的公司总经理打电话，谈论公司的各种问题。其实，公司的总经理是他很信得过的人，公司的财务总监就是他弟弟，根本不用他操心。到了泸沽湖，在如诗如画的山水面前，也不见他怎么亲近山水。他是身在度假心在公司，一路上不是与我探讨他生意上的事情，就是打电话给北京的公司。毫无疑问，这样的度假，根本无法让人得到身心上的放松，甚至可能会比不度假更让人累。因此，他的神经衰弱、失眠多梦的问题，丝毫没有好转。

人生如果只有攀登，而没有驻足欣赏一路上的美景，那还有什么意义？事业是没有终点的，享受却可以随时开始。

大多数人都认为，所谓享受，那是有钱人的特权。其实不然，听骤雨敲窗，看云舒云卷，赏花开花落……这些，都是与金钱无关。就像我上面提到的那位富人朋友，他有钱，却没有心思去欣赏与享受。会享受人生的人，不在于拥有多少财富，不在于住房的大小，薪水的多少，职位的高低，而在于你是否有这份悠然之心。

生活永远不是完美的。对于我们普通大众来说，或许在养家糊口中不得不忙碌奔波。在忙碌奔波时，我们依然可以找到快乐。不管你的现状如何、目标如何，都别忘了人生的第二个目标：享受你现在所拥有的。没必要总是给享受预设了很多前提条件，人生是由每一个"当下"组成，享受现在，成就一生。

不少人的心绪往往在过去和未来之间摆荡，不是对过去耿耿于怀，就是对将来忧心忡忡，浑然不知"当下"的滋味，结果是对过去的包袱舍不得丢弃，而未来的重担又把自己弄得喘不过气来，永远在过去和未来之间游移。现在就是我生命中最美好的时光！这，其实就是佛陀所说的"活在当下"。东西方在文化上有一定的差异，却都对"珍惜现在，享受现在"有着一致的看法。

每天当我们结束工作时，就应当把成为以往的事情忘记，因为过去的光阴不能再追回来。虽然我们难保一天所做不会有错误或蠢事，但是事情已经过去，一味地追悔只能贻误我们迎接明天，而让明天成为下一个令人追悔的蠢事。今天就握在我们手中，这是一个新日子，它好像人生日记本里的空白一页，任由我们去写。我们所要做的就是燃起生命的热情，激发心中的希望，倾注全力做好每一件事，享受每一个今天。

最好的沉思就是留意生活，想哭就哭，想笑就笑，闲时晒晒太阳，忙时泡个热水澡，多与人分享快乐，少关注烦恼。多留意最简单的日常活动，少预想未来怎样，也不流连在对过去的怀念中。活在当下就是最高级别的沉思。

活在当下，享受当下。

活在当下，关注眼下的时光与日子

　　每一个人都是活在当下的，每一个当下对于我们来说都是独一无二的，它不是过去的延续，也不是一个接一个的未来。活在当下，学会关注眼下的时光和日子，做好当下正在做的事，就如佛学中所讲的那样——饿了就吃饭，困了就睡觉。

　　菲尔德先生工作努力，已经积攒了一大笔钱。有一天，在新闻的启发下，他想在大西洋的海底铺设一条连接欧洲和美国的电缆。对于他的这个想法，几乎所有的人都反对。可是菲尔德还是放弃了自己原来的工作，随后，他就开始全身心地推动这项事业。

　　前期基础性的工作包括建造一条1000英里长从纽约到纽芬兰圣约翰的电报线路，纽芬兰400英里长的电报线路要从人迹罕至的森林中穿过。所以，要完成这项工作不仅包括建一条电报线路，还包括建同样长的一条公路。此外，还包括穿越布雷顿角全岛共440英里长的线路，再加上铺设跨越圣劳伦斯海峡的电缆，整个工程十分浩大。

　　菲尔德的铺设工作开始了，然而就在铺设到5英里的时候，电缆突然被卷到了机器里面，断了。

　　菲尔德不甘心，进行了第二次试验。在这次试验中，在铺好200英里长的时候，电流突然中断。但菲尔德相信事情一定会有转机。他又订购了新的电缆，还聘请了一个专家，请他设计一台更好的机器，以完成这么长的铺设任务。但是两船分开不到3英里，电缆又断开了；再次接上后，两船继续航行，到了相隔8英里的时候，电流又没有了。

电缆第三次接上后，铺了 200 英里又断开了，菲尔德的船最后不得不返回爱尔兰海岸。

一切似乎都在说明一个事实，这个计划是不可能实现的。但是在所有人放弃的时候，菲尔德先生还是坚持，他用他的诚意打动了新的投资人。菲尔德为此日夜操劳，甚至到了废寝忘食的地步，他坚定地认为只要不放弃，这个项目是可以实现的。

于是，新的尝试又开始了，这次总算一切顺利，全部电缆铺设完毕，而没有任何中断，几条消息也通过这条漫长的海底电缆发送了出去，一切似乎就要大功告成了，但突然电流又中断了。

这时候，几乎没有人不感到绝望，连菲尔德也开始犹豫。但他没有放弃，他四处奔波，整整一年的时间，他找遍了所有的投资人。在经过仔细研究之后，菲尔德又开始了原来的项目。他们买来了质量更好的电缆，找来了更好的船只。

菲尔德在分析了失败的原因之后，继续从事这项工作，而且制造出了一种性能远优于普通电缆的新型电缆。1866 年新一次试验开始了，并顺利接通，发出了第一份横跨大西洋的电报。电报内容是："我们晚上 9 点到达目的地，一切顺利，感谢上帝！电缆都铺好了，运行完全正常。菲尔德。"现在，这条电缆线路仍然在使用，而且再用几十年也不成问题。

菲尔德先生的故事告诉我们，坚持做好当下你正在做的并认为是有意义的事，不管前方的路有多么崎岖坎坷，始终不渝地坚持，不放弃原来认定的事业。

做好当下正在做的事，在挫折中积累经验，在一次次地经验中前行，才最终成就了菲尔德的事业梦想。

机会不是一个到你家里来的客人，会在你门前敲门，等待你开门把它迎接进来。恰恰相反，机会是一件不可捉摸的活宝贝，无影无形，无声无息，假如你不用苦干的精神，努力去寻求它，也许永远遇不着它。

　　机会青睐有准备之人，做好当下正在做的事，你才能为未来积蓄力量。抓住每个今天，做好手上的工作，不管工作是大是小，都尽自己最大的努力做到最好，相信机会就会自动降临到你身边。

不要因为安逸而裹足不前

生活当中，我们总说要珍惜时间，不浪费生命，却又总是在消磨时间，浪费生命。我们总是没完没了地在网上浏览网页，没完没了地玩着游戏，一次次地在游戏中寻求刺激，让时间一点一滴地消逝……在这样的情况下，珍惜生命的话语更像只是一个口号、一个名词，没有任何意义。

任何事情，如果没有行动的支撑，那它永远都只能是一个口号，"活在当下"是一个动词，需要靠行动来实现。英国前首相本杰明·迪斯雷利曾指出，虽然行动不一定能带来令人满意的结果，但不采取行动就绝无满意的结果可言。

所以，要想取得成功，让人生过得更加充实有意义，就必须从行动开始。

连绵秋雨已经下了几天。在一个大院子里，有一个年轻人浑身淋得透湿，但他似乎毫无觉察。他满天怒气地指着天空，高声大骂着："你这该千刀万剐的老天呀，我要让你下十八层地狱！你已经连续下了几天雨了，弄得我屋也漏了，粮食也霉了，柴火也湿了，衣服也没得换了，你让我怎么活呀？我要骂你、咒你，让你不得好死……"

年轻人骂得越来越起劲，火气越来越大，但雨依旧淅淅沥沥，毫不停歇。

这时，一位智者对年轻人说："你湿漉漉地站在雨中骂天，过两天，下雨的龙王一定会被你气死，再也不敢下雨了。"

"哼！它才不会生气呢，它根本听不见我在骂它，我骂它其实也没什么用!"年轻人气呼呼地说。

"既然明知没有用，为什么还在这里做蠢事呢?"

"……"年轻人无言以对。

"与其浪费力气在这里骂天，不如为自己撑起一把雨伞。自己动手去把屋顶修好，去邻家借些干柴，把衣服和粮食烘干，好好吃上一顿饭。"智者说。

智者的话对年轻人来说无疑是当头棒喝，"与其浪费力气在这里骂天，不如为自己撑起一把雨伞。"再多的叫骂也无济于事，只有真正地行动起来，才有可能去扭转现在的不利局面，使自己脱离这种恶劣的境地。

经常听到周围的人抱怨："当时真应该那么做，不然现在已经成功（发财）了!""如果当时我能早点行动，现在也不会落得这样的下场。"我们总是不断地告诉自己前进，告诉自己要抓紧时间行动，却又总是习惯性地享受安逸，继而裹足不前。于是，梦想就在一次次的拖延中离我们越来越远。

做一件事情，只要开始行动，就算获得了一半的成功。

演讲大师齐格勒有这样一个说法，世界上牵引力最大的火车头停在铁轨上，为了防滑，只需在它8个驱动轮前面塞一块一英寸见方的木块，这个庞然大物就无法动弹。然而，一旦这只巨型火车头开始启动，这小小的木块就再也挡不住它了；当它的时速达到100英里时，一堵5英尺厚的钢筋混凝土墙也能轻而易举被它撞穿。

从一块小木块令其无法动弹到能撞穿一堵钢筋水泥墙，火车头威力变得如此巨大，原因不是别的，因为它开动起来了。

其实，人的威力也会变得巨大无比，许多令人难以想象的障碍也会被你轻松地突破，当然前提是：你必须行动起来。不然，只知道浮想，如停在铁轨上的火车头，那就连一块小木块也无法推开。

生活中有理想的人很多，但真正实现自己理想的却不多；有成功愿望的人很多，但真正迈进成功大门的却不多。

被媒体尊称为"中国雅思之父"的胡敏谈英语学习时说过这样一段精辟的话："不要找借口，说是不可能完成的事。如果我要求你们在一小时内背下一百个单词，你们大部分的人都可能完不成这个任务，但我再加上一个条件，如果背不下来的，全都枪毙，我估计大部分的人都能背下来了。"

是的，没有什么不可能的，只要你敢于把借口打碎，只要你真正地行动起来，抓住今天，把握当下每分每秒，成功离你咫尺之遥。

化繁为简，乐享快乐生活

懂得生活的人，会不惜代价为自己找寻可以休闲娱乐的时间，这样一来，假期一结束你又能看到他们神清气爽、精神饱满的样子了，他们简直就像是一个新人，不再感觉到疲惫与厌倦，而是充满了幸福与快乐。

很多人为了事业，只会工作，而很少会娱乐，每天都像机器一样忙碌地运转着，生活中各种各样的娱乐场所，他从没有感受过。这样的人或许被大家看做是一个热爱事业的人，但实际上，他只是一个不懂生活而忙碌生活的人。

这个世界上，无论男人女人，无论处于何种生活状态，娱乐都是必不可少的，换言之，适当的娱乐才能帮助我们更好地享受生活。

居里夫人算得上是成功的女性吧，但她却把娱乐定为是除了工作之外第二重要的事情，因为在娱乐中，她可以得到更好的放松，没准儿还能迸发出新的创意，这是促使她成功的因素之一。

我们想要获得成功与幸福，就要做一个会生活的人，做一个工作与娱乐兼顾的人。因为科学证明，适当的娱乐有助于我们更好地投入到工作之中。换言之，娱乐并非是浪费时间的事情，而是一种很有意义和价值的事情，我们能从娱乐中获得很多益处及更多生活幸福感。

这是最简单易懂的道理，与其花钱去医院看病吃药，不如到乡间去寻找健康。自然界的治疗能力是超群的。每年给自己放个长假去感受大自然的纯净，这比每天都吃营养品来得健康得多，娱乐健身、休闲度假这些都让我们充满活力而且愈发健康。

看着那些不懂得这些道理的人。他们每天面对着大量的工作，为烦恼琐碎的事情发愁。显然，他们太需要去乡间走一走了，太需要抽出些时间娱乐一下啦，不然，时间一长，这些人必定头昏眼花，干什么都没精打采，30 岁的年龄却背着 50 岁的身体，很难再享受到生活中的幸福与快乐。

懂得生活的人，会不惜代价为自己找寻可以休闲娱乐的时间，这样一来，假期一结束你又能看到他们神清气爽、精神饱满的样子了。一次度假归来，他们简直就像换了一个人，不再感觉到疲惫与厌倦，而是充满了幸福与快乐。

花掉一些时间可以让你重获充沛的精力，使你更有力气去解决生活中的问题，对生活对工作都会有一个全新的认识和愉快的感觉，这难道不是一项每个人都该去实践的项目吗?

在快节奏的生活中，我们更应该懂得善待自己，就算再忙也要抽出一些时间痛痛快快地娱乐一回，彻彻底底地让自己放松一回，相信你定能"玩"出一个好心情。

当然，娱乐休闲不是放纵，不是疯玩，而是需要在休闲的基础上有所收获，不仅仅是打打球、唱唱歌、健身或游泳，也包括听听音乐，看看书，只要能让你放松的方式都可以。

我们要学会把生活化繁为简，懂得为自己的生活寻找乐趣，为自己的心灵减压。每个人都要懂得适时去娱乐，这样才能在放松身心之后更好地为明天奋斗，更好地为幸福拼搏!

第六章
只要心是自由的，哪儿都可以去

人生本身就是一场漫长的旅行。沿途风光无限，就看你怎么欣赏。正如三毛所说，旅行真正的快乐不在于目的地而在于它的过程。有人说，任何一种旅行，都似一场盛大的出走。有时候我们用尽全力，也只是想逃离现在的生活，给人生找到另一条出口，或者打开人生的另一扇窗。

有一句广告词说得很好：人生就像一次旅行，不在乎目的地，在乎的是沿途的风景以及看风景的心情。所以，风景不在远方，在心中；旅行不在乎目的地，在乎的是心境。就算哪儿都不去，灵魂一样可以旅行；只要心是自由的，哪儿都可以去。

漂泊是福气，也是勇气

漂泊是对身体和精神的一种同时放逐，也是自我绝好的证明机会，漂泊应该是主动的，而不是被动的……

很多时候，人们讨厌漂泊的生活，讨厌漂泊带来的孤独和寂寞感。其实漂泊是一份福气，是一个体验生活的宝贵机会。人生中如能有一段漂泊经历，无论长短，都将是一生最值得回忆的事情。无论这次漂泊吃了多少苦，受了多少累，我们都会深深地把它珍藏在心中。

面对漂泊，东西方传统文化所表现出的心态可谓迥异。中国古代，由于生活条件所迫，把漂泊的生活写得甚是凄凉，给人勾画的多是那些愁恨离别之苦。自《诗经》中的《卷耳》开始嗟叹思妇对征人的牵挂，一个"苦"字几乎涵盖了整部文学史中的离愁别恨。即使豪迈奔放如李白者，亦有"仍怜故乡水，万里送行舟"的缠绵。宋代柳永更是"煽情"高手，一句"想佳人，妆楼望，误几回，天际识归舟"，搅得千百年来的读者肝肠寸断。似乎唯有屈原最会自我安慰，"国无人莫我知兮，又何怀乎故都！"然而，与这份表面的洒脱紧紧相随的，却是痛彻心扉的悲愤。他潇洒地投了家乡的汨罗江。漂泊的无奈，漂泊的苦痛，这一切在屈原这里得到最悲壮的诠释。

西方最早的漂泊记录，恐怕要属《荷马史诗》中的《奥德塞》。终日面对绚丽宽广海洋的西方人在漂泊中表现出的，除了有对故土的思念，更有挑战困难的无畏，以及探索新知的刺激与浪漫。希腊文化对整个西方影响太深，无论是以后堂吉诃德式的苦行游侠，还是《神曲》式的精神漫游，抑或唐璜般孤独的斗士，洋溢在他们的漂泊旅程中的，仍是不屈的勇气和不懈的追求。同样反映漂泊之苦，东方文化映射出的是"苦海无边"，而西方文化展现的则是"前方是岸"。

无疑，东方文化更贴近大多数人的感受。漂泊确是一种无奈，"羡鱼知潜底，倦鸟知归林"。本能的归属感，是人从生到死一个寻找与建设家园的过程。无论物质的，还是精神的。家，被喻为休憩的港湾。然而，港湾里并不总是风平浪静，也不总是富裕丰饶。于是，大小船只驶向茫茫大海，演绎出无数悲欢故事。

然而，漂泊又是一种勇气，是一种大无畏的勇气，它可以在征服生活的同时征服整个世界。杨明在《我以为有爱》中写道："其实，所有的故乡原本不都是异乡吗？所谓故乡，不过是我们祖先漂泊旅程中落脚的最后一站。"正是因为这种达观，无数漂泊者，为了追寻梦中的橄榄树，流浪到了远方。在他们心中，漂泊是启动新生的金钥匙。孤寂的旅程，必然伴有无尽的伤感和隐痛。然而，就像沙漠里耀眼的三毛，他们被那梦幻的光华弄得痴然如醉。

漂泊是一份财富。也许，我们早已失去一切从头开始的机会。但是，人生中如能有一段漂泊的经历，无论长短，都将是一笔宝贵的财富。

漂泊到异乡。在每一个夜晚，快乐而又悲哀地重拾往昔，在每一个清晨，深情而又凝重地探访朝阳。

泰戈尔说："我抛弃了所有的忧伤和疑虑，去追逐那无家的潮水，因为那永恒的异乡人在召唤我，他正沿着这条路走来。"

拥抱自然，感受生活之美

大自然就是有这样神奇的效果，不夸张地说，它是造物者给予人类最大的恩赐，我们应该多与大自然接触，多去亲近大自然，你不仅能够收获轻松与畅快，对身体健康也是大有益处的！

一位健康学者曾经这样告诫都市生活中的人："想要获得身心的双重健康，那么，就要不时地抬头望望天空，感受一下自然之广阔！"

的确，现实生活中，我们每天生活在钢筋水泥的城市，抬头看到的只是那么一小块天花板，久而久之，心情难免抑郁。因此，为了健康也好，好心情也好，我们应当多花些时间去亲近大自然，去大自然里走一走，去欣赏户外的美景和呼吸新鲜的空气。阳光、蓝天，还有芬芳的泥土，唱歌的鸟儿，盛开的花朵，这些都令我们感恩大自然造物的神奇，更激发我们生命的活力。

在自然之中，我们可以将所有的烦恼都置身事外，完全地享受那一抹清风带来的畅快……

大自然就是有这种神奇的力量，它可让烦躁的心安静下来，可以让逆境中的人豁然开朗，可以让灰心失落的人重燃起希望的斗志……对于那些懂得欣赏自然之美的人来说，融入大自然的怀抱就如同是享受一次心灵放松之旅，小溪潺潺、虫儿轻吟、阳光斜照、树影交错…… 这种美丽与恬静是无法用金钱来换取的。

现代人生活在都市丛林之中，平时眼睛里看的，身边接触的都是高楼大厦、车水马龙，已经渐渐遗忘了大自然的纯净。在这样的地方生活久了，难免心生烦恼。另一方面，城市里人多车多，环境污染较为严重，长时间生活其中的人难免会感到一些不适。因此，无论出于哪种考虑，心理健康还是身体健康，都该不定期地走出城市，走进自然，感受一下自然之美，相信你定会收获不少。

从现在起，适时地抽出一些时间让自己置身于大自然之中吧，去感受大自然神奇的魅力！在神奇的大自然中你所有的抱怨都会烟消云散，你所能体会到的只是生命的渺小和珍贵。大自然的美丽，不在于它外在的美，更在于它可以让享受这美丽的人感受到生命的美好。因此，当你烦闷的时候，当你感到压抑的时候，为什么不停下前进的脚步，背上行囊投入到大自然的怀抱呢？让自己在其尽情地放松一回。

置身大自然的怀抱，放松心灵，让自己的心灵在自然之中尽情驰骋，放下所有的问题，清空所有的烦恼只单纯地享受无污染的空间……这该是何等的快乐与享受啊！所以，追求幸福的我们更要懂得亲近大自然，享受幸福的人生。

用一颗童心面对世界

幸福从来没有固定答案，也从不会一成不变。只有那些善于发现、懂得用心感受的人才能感受到幸福。幸福对于每个人来说都是一样的，它不是奢侈品，没有门票，需要的只是一颗纯净的童心。

时间在我们渴望长大中似乎过得很慢，而在我们长大后的回首中又太快。假如有人问人生何时最快乐，恐怕绝大多数人都会说童年。记忆深处的童年里，捉迷藏、放风筝、跳房子、踢毽子、扔沙包、跳橡皮筋、过家家、堆沙堡……五彩斑斓，绚烂夺目，充满了欢笑和阳光，

就像郑智化在《水手》中唱的那样：长大以后，为了理想而努力。我们的心中逐渐有了理想，有了诱惑，开始忙忙碌碌，心事也多了起来。

相比大人来说，儿童可说是最懂得享受人生的专家了。有一天，年轻的妈妈问9岁的女儿："孩子，你快乐吗？"

"我很快乐，妈妈。"女儿回答。

"我看你天天都很快乐。"

"对，我经常都是快乐的。"

"是什么使你感觉那么好呢？"妈妈追问。

"我也不知道为什么，我只觉得很高兴、很快乐。"

"一定是有什么事物才使你高兴的吧？"妈妈锲而不舍。

"嗯……让我想想……"女儿想了一会儿，说："我的伙伴

们使我幸福，我喜欢他们。学校使我幸福，我喜欢上学，我喜欢我的老师。我爱爷爷奶奶，我也爱爸爸和妈妈，因为爸爸妈妈在我生病时关心我，爸爸妈妈是爱我的，而且对我很亲切。"

这便是一个 9 岁小女孩幸福的原因。在她的回答中，一切都已齐备了——和她玩耍的朋友（这是她的伙伴）、学校（这是她读书的地方）、爷爷奶奶和父母（这是她以爱为中心的家庭生活圈）。这是具有极单纯形态的幸福，而人们所谓的生活幸福亦莫不与这些因素息息相关。

有人曾问一群儿童："最幸福的是什么？"结果男孩子的回答是："自由飞翔的大雁；清澈的湖水；因船身前行，而分拨开来的水流；跑得飞快的列车；吊起重物的工程起重机；小狗的眼睛……"而女孩子的回答是："倒映在河上的街灯；从树叶间隙能够看得到红色的屋顶；烟囱中冉冉升起的烟；红色的天鹅绒；从云间透出光亮的月儿……"

看，童心是如此纯净、如此容易得到满足！我们也曾经那样快乐与幸福，只是岁月砂轮的磨砺，使我们失去了天真烂漫的本性，失去了那份无邪的童心，或许这就是我们不快乐、不健康的重要原因。

长大了，难免会变得世俗，这个时候，看世界的眼光就会发生变化，原来那纯净的心灵也会受到污染。这个时候，我们一定要维系一颗童心，保持一份纯真，只有这样你才能够时刻感受到生活的美好，把握住身边的幸福。

以一颗童心面对世界，以一颗童心感受幸福，这也是很多成功人士一直以来对人生对幸福的真切感受。

无意中在一档综艺节目中看到一个年过 70 岁的奶奶跳街舞，跳得还很好看，当一曲结束后，主持人惊讶地问她："你是怎么想着要学年轻人的街舞呢？"

却没想到那位奶奶却说："我觉得自己也不老啊，我经常会去关注年轻人的东西，像这个街舞，还有一些游戏、漫画书我都喜欢……"

老奶奶年过70岁还是那么有朝气有活力，带给人那么多欢声笑语，这其实完全要归功于她那颗童心，因为童心她活得异常开心，身体也比一般70岁以上的老年人硬朗很多。

我们还能够找回失去的童心吗？答案是能的。找回童心，也不是多么复杂的事情。古人云："童子者，人之初也；童心者，心之初也。夫心之初岂可失也！"我们若能鄙尘弃俗，息虑忘机，回归本心，便就是找回了童真、童趣与童心。这样，我们就会形神合一，专气致柔，纯洁无邪，通达自守，并且使我们内心与外在均无求而自足。

罗杰沮丧地从公司大门走出来，他看了看手机，记下了今天的日期和时间，对他来说，这是他一生当中最倒霉的一天。

早上的时候，迟到了，却在拼命赶地铁的时候撞见女友上了一个老男人的豪华轿车，就这样结束了一年多的感情；拼命赶到公司后，例会已经开完，被上司叫到办公室谈话，因为女友的事情，心里难受和上司顶撞了几句便"成功"被开除了。

罗杰想着今天上午的种种遭遇，难过极了，在离公司不远的一个公园里闲逛，有些累了，便找了一处安静的地方坐了下来，越想越难过，甚至有种想哭的冲动，"我的生活真是糟透了！"罗杰抱着头低吼了好几声。

这个时候，远处一个正在和小伙伴玩耍的小男孩听到了罗杰的低吼，他犹豫了一会儿，从地上摘了一朵花，叫一个小伙伴带他来到罗杰的面前。

"你好，这朵花送你好吗？"小男孩小声地说。

罗杰看了花一眼，已经开败了，心理更难受，就没有回答，但男孩又问了一遍，朝着罗杰旁边的位置晃了晃手里的花朵，罗杰以为小男孩在作弄他，因为，旁边的位置根本没有人，为什么男孩还要对着那个空位置说话呢？于是，罗杰抬起头，刚想说什么，却一瞬间什么都说不出来了，因为他看到，那个男孩是一个盲人。

罗杰的心被震颤了一下，他接过花，男孩笑了说："花很美对吧，我就知道你会喜欢，不过有件事儿，您能原谅我吗？"

"什么事儿？"罗杰不解地问。

"我妈妈说遇到需要帮助的人要及时帮助，刚刚我听到你的哭声，却犹豫了一会儿，你知道，我和我的朋友玩得正好，你能原谅我迟疑了一会儿才送花给你吗？"小男孩天真地说。

"谢谢你，这是我见过最美的花。"罗杰说完，小男孩笑了，然后和另一个男孩一起走到另一边去玩耍了。

罗杰看着手里的花，是的，它开败了，但是它却是最美的，罗杰拍拍身上的尘土，站起来，深吸一口气，此时的他觉得这个世界美极了，今天再也不是什么倒霉日，而是一个全新的开始。

生活本该是五彩缤纷的，有美好的暖色调，也会有带来伤感的冷色调，成人眼里的世界，总是有那么多的条条框框，限制了我们的思想，遇到冷色调，我们就会自怜自爱。事实上，任何一种颜色都是值得开心的。此时，如果我们能像孩子一样，用新鲜的眼光看待这个世界，就不难发现生活中的美好。

　　幸福从来没有固定答案，也从不会一成不变。只有那些善于发现、懂得用心感受的人才能感受到幸福。幸福对于每个人来说都是一样的，它不是奢侈品，没有门票，需要的只是一颗纯净的童心。

目的地在哪里，风景就在哪里

对许多人来说，旅行，只是换了一个地方，换了一种心情，无关距离的长短。不管是长途远行，还是短途旅行，抑或哪儿也不去，只要心是自由的，到哪儿都是天堂。只要心是自由的，不在乎终点在哪儿，能令人欢喜的是沿路的风景和好心情。旅途中醒来，看着投宿的酒店房间，透过书桌前的窗户照进来的阳光，忽然有一种被收留的幸福感。美好的一天，就从这一缕叫醒自己的阳光开始。

现在就出发吧，听从内心的召唤，徜徉于自然的怀抱。阳光、空气、水，滋养着一切的美好，就像坐着火车去远方的感觉。静静地坐在自己的位置上，慢慢欣赏窗外变换的风景，任思绪随风飘荡，轻舞飞扬。珍惜当下，给自己一个全新的开始。

如果说行走是一种阅历的话，那么旅行便是开阔视野的最好方式。想想用自己的双脚去丈量所到之处的每一寸土地，那种感觉是何等的美妙与震撼！每座山，每条河，每片叶，每朵云，每滴水……都拥有着自己独特的韵味，是旅行拉近了我们彼此间的距离。

旅行的地方，或近或远；时间或长或短；传说或悲或喜，一切的一切都无所谓了。其实，我们有时候就是想要那一种心灵的放逐，那一份自在的心情和享受，一切都没有束缚，任我随心所欲。自由自在是多么的美好，适当的时候，也应该给内心一次放纵的理由。很多时候，触动心弦的往往是被我们所忽略了的风景，那就多留些时间给忙碌中的自己吧！多走走，多看看，外面的世界何其精彩，这何尝不是一种学习的过程？

走走停停，停停走走，其实旅行的过程就是这么简单，如一抹清浅的色彩，描绘着人生无处不在风景。

　　其实旅行的意义，不在于你走过多少路，或者去过了什么地方，而是你明白了什么。就算你走遍了全世界，还是怎么都没有弄懂，那你跟没有去过任何地方的人又有什么区别？所以哪怕只是在自己熟悉的环境里走一遭，只要换个心情，以另一种眼光重新审视周围的一切，你也会有不一样的感觉，有时还会有意外的惊喜。

　　旅行是不同于旅游的，它有着完全不同于"游"的轨迹和境界。"游"是游历和赏玩，"行"是行走和历练，太多的人留恋于游历时的景致而忽略了行走过程中自己心境的变化和历练这一重要意义。游客们常常有着明确的旅游目的地，风景就在那里，所以可以出发得毫不迟疑；背包客们则往往很有可能难以确定，甚至无法预知自己的目的地，因为行走的过程是在路上，一路且走且停，心有所感，路便有所向，最终的轨迹其实来源于心。带着目的去旅游，只是为了那个目的而已；而没有目的，就是旅行最纯粹的目的。

自由，也需要一点冒险精神

追求自由的生活，也需要来点冒险的精神，而不是要等到万事俱备，甚至连东风也如约而来时才开始行动。生命对每一个人来说都是一条未知的河，一个人要泅过一条未知的河，在没有前人给出经验，没有船也没有桥的情况下，如何才能分清这条河哪个地方水深，哪个地方水浅？是等待、放弃还是试探？其实，即便我们事先不知道这条河详细情况，也能以身试水摸索着河里的石头，以较为保守的甚至原始的方法逐步摸清情况并想办法过河。

人生怎么可能没有困难，又怎么可能事事已经预料到？所以，我们要有点冒险精神。不要害怕未知，通过探索，我们可以把未知变成已知，也不要惧怕困难，所有的困难最怕的是你征服它。做人一定要有冒险精神。就好比在你面前摆着一个梨一样，此时谁也不能告诉你它是否有毒。如果你想知道梨是什么味道的话，那么你就得鼓起勇气，勇敢地去冒一回险，亲自去尝一口那一个梨。这样你便知道梨是什么味道了。在 20 世纪 80 年代，人们常常说这么一句话："胆子大吃个够，胆子小吃不到。"这话说得一点都不错。任何时候，机遇对于我们每一个人来说都是平等的，只是有些时候我们不敢去冒险，不敢去争取了罢了。

成功的人大多具有大无畏的英雄气概和勇于冒险的豪迈性格，以及坚忍不拔的坚强毅力再加上敢于创新、敢于牺牲的高尚精神。敢于冒险，敢于孤注一掷，是历史上任何一位意志坚强者打天下、创基业的法宝。有史以来，通过各种各样斗争取得天下的君王，几乎都是英明之主，因为他们经过冒险，经过考验。而那些世袭祖业的君王，除了极少数能在文治武功上有特殊成就的人以外，大都是些平淡无奇的昏庸之人。

要做一个勇敢的行者，或者要闯出一片新的天地，就不得不面对各种新的问题，新的挑战。因为你是开拓者，在你之间从未有人尝试征服这片领域，这个时候，你只能有一个办法就是冒险，你只能有一种精神就是"摸着石头过河"。徐霞客没有什么旅游手册，甚至连根手电筒都没有，但是他能够踏遍三山五岳，留下旷世名著《徐霞客游记》。如果他要持着保守的精神，那么他首行就要有一位行过天下的导游，但，如果有这么一位导游，那么徐霞客就会默默无闻，而留传后世的必然是导游日记。哥伦布从欧洲出发，向西寻找东方之前，从未有人成功证明过这样做的可行性，但是出于对科学的信任，他出发了。虽然他没有发现真正的东方，但他却为世界带来另一样巨大的贡献，那就是发现了新大陆。只要我们敢于踏出第一步，所有的付出都将会有回报。

在生活中，有些人既想生活在波澜不惊的古井里，又想生活中充满了精彩和成就。这是不现实的。一个人如果选择远行，就必然同时选择了风雨。如果在各种各样的顾忌中生活，行事谨慎，凡事不越雷池一步，那么，你能赢得的只能是一时的平安而已，而不是一世的平安。实际上，一生的平安也需要一时的冒险，否则，生活如逆水行舟，不进则退，即便你想求平安也不可得。其实没有人天生就大胆，即使像拿破仑这样的伟大人物，他的大胆也是在战场上培养起来的。他克服了自己的胆怯，因为他知道要成就伟业就必须勇敢，怯懦的人永远不可能取得比较大的成就。

没有谁能肯定前行的路上会遇到什么阻力或是磨难，自己的未来会如何。未来对于我们来说太遥远了。未来就好比我们被关在一间黑屋子里一样，见不到阳光，摸不清方向。如果我们不想永远被关在黑屋子里的话，那么我们就得鼓起自己的勇气，自信十足地去冒一回险。勇敢地去打破黑屋子的门，好让自己能够见到阳光，得到自由。

远行，需要一点冒险精神。切记，如果你想活得出彩，必须勇往直前。如果你是因害怕挫折而不敢向前跨进的话，即使你不会失败，也永远体验不到人生的精彩。

敞开心扉，与陌生人大胆交流

一个人一旦习惯于自己的小天地，习惯于自己的生活圈子，淡忘了外面的人群，渐渐地，朋友圈就越来越小，而孤独却成为另一种习惯……

现代社会是越来越开放了，而我们的住家却似乎越来越封闭。

这确实是一个不争的事实。

很多年前，有一篇《阳台与门》的文章，说到因生活的日益富裕，家庭设施的日益俱全，人们对于门窗的结实与否，便倾注了相当深厚的关怀。不是吗？一层铁栅栏门，再来一层机枪也射不穿的钢板门，别说是小偷儿，就是《偷天陷阱》的女主角来了也得费一番功夫。这门又是整日地关着，毫不留情地拒绝着邻里之间、朋友之间的交往。想去看看朋友串串门吧，摁门铃，半天没声响，但知道那"猫眼"后有人在观察，目的是验明正身。接着，钢板门开一条缝——还有一条钢链系着，解开钢链子，再打开铁栅栏门，然后才听见一声招呼："请进请进。"这访友的兴致经这一折腾，早就没有了。再想想，自己家里不也是这德行吗？

现在，许多住在楼里的人，虽是一个单位的，也鲜有互访。谁家的大事小事，门一关，就与己无关，"躲进小楼成一统，管它春夏与秋冬"。幸好那时，阳台还敞着，早晨在阳台上伸胳膊抖腿，练一练各自的功法。一抬头，一侧脸，大家就招呼上了，这是一种有距离的亲热，既不必登堂入室，又不必递烟泡茶，简便而轻松。可这个阳台大家终究觉得是个隐患，如果梁上君子三下五除二就爬上来了怎么办？于是，大家开始了封闭阳台的伟大工程，铝合金的推窗，银光闪闪，不几日，便大功告成。接着，凡有窗子的地方，都一律罩上了防盗窗。真正是"早已森严壁垒，更加众志成城"。然后每个人都躲进这个结结实实的笼子，仿佛才安全了。

的确，看着铁笼子里的人，总会让人产生一种莫名的悲哀——我们正在退化成一种动物。这个铁笼子拉开了人与人之间的距离，让人们之间变得陌生，难以沟通。

这个具有象征意义的铁笼子，已不仅仅是为了防范图谋不轨的人，更是为了防范"人"的侵入。这代表着一种"占有"，一种拒绝，也传递着一种莫名的恐惧。

有人曾讲过一个故事：他们所住的那幢楼有一个老教授，既不安防盗窗，也不安防盗门，阳台也不封闭，他说："我不能看轻自己，也不能拒绝友谊。"但他的别出一格，遭到其他住户的指斥："你这不是招惹小偷注意这幢楼吗？"众怒难犯，老教授最终只好随俗，把自己关进铁笼子里去。

其实人人都防和人人不妨的效果是一样的，封闭就是一种可怕的传染病。

别走得太快，放慢人生的节奏

这是一个膜拜"成功"的时代。书店里、电视中、报纸上，到处充斥着对于成功者的礼赞与崇拜。不少人像着了魔似的念叨着："我一定要成功，我一定能成功！"各种成功学也应运而生、推波助澜：开发潜能、增强自信、拓展人脉、注重细节、提高口才、主动推销、持续充电……我们用尽了所有的方法和词汇，来表达迫切成功的心情。

追求成功并没有什么错，人活一世，就应该努力实现自己的最大价值。只是眼里只有成功的人，付出时最容易不计成本、不计后果地付出。结果，在追求成功的路上，他主动摈弃了所有的享乐；当获得"成功"后，他又会发现：自己与幸福越来越远……

在围棋的黑白世界里，其实也充满了智慧的争斗与人生的哲理。观高手之间下棋，很少见到他们猛打猛冲，他们下棋一般都是慢棋、细棋。除非局势对己非常不利，才会下些"破釜沉舟""背水一战"的险招。人生不是一场瞬间的突袭作战，而是一局要下几十年的棋，下得悠着点，才会细致些，胜算自然会大些。

把人生的节奏放慢一点没有什么不好。因为太匆忙，我们无法享受做事的快乐。在这种匆匆忙忙的生活中，我们常常会感到生命与我们擦肩而过，而且也老是觉得，永远都得不到我们在找的东西。我想，其实大家心中都明白，这样忙乱的生活，使得我们与真正快乐的希望渐行渐远。事实上，生命中没有任何时刻，比现在更有可能带来快乐。

生活的最大乐趣之一，就是花时间享受身边的每一件东西。年少时我在湖南的乡下，我喜欢在春天的雨夜听细雨敲窗，或在皎洁的月光中听取蛙声一片，后来长大了，来到了城市，还是可以在阳台上种满花，给它们松土浇水剪枝，看它们是如何开花结果；或一家三口到郊外的河边散步，放风筝……

我们身处一个个五光十色、日新月异的社会。太多的信息要接受，太多的新知要学习，太多的俗务要应酬，太多的事情要完成。如果终日奔跑争先，就会将世人拖垮累死。来点"难得糊涂"的超越，可以帮助人们释放心理和社会的压力，保持一种心态平衡，坐看云起花落，超然通达地面对人生。特别是在今天这种高速度、快节奏、竞争激烈的社会，如果不能有一点"难得糊涂"的超越，就再也感受不到生活中的浪漫、轻松和愉快，更不会有天真、诗意和情趣了。

不要总是强调没时间，也不要辛苦地去挤时间。生活是需要妥协的。人人都有理想，但如果我们实实在在地看清楚人生的状况，我们就会懂得：理想没有尽头，当你实现了一个理想又会有一个更高远的理想出现脑海。我们为了理想花费了太多的精力，因此而丧失了享受生活的能力。

能不能将理想设定为"快乐与幸福"？如果我们为了理想和成功丧失了快乐与幸福，这样的理想与成功又有什么意义？

悠着点吧，珍惜你现在拥有的小小空间，珍惜你拥有的一切情爱。

悠着点吧，走在街上，自自然然，潇潇洒洒。你会发现，世上的人原本差不多。

悠着点吧，就像英国作家威廉·亨利·戴维斯在诗中所写的那样——

这不叫什么生活，

总是忙忙碌碌，
没有停一停、看一看的时间。
没有时间站在树荫下，
像小羊那样尽情瞻望。
没有时间看到，
在走过树林时，
松鼠把壳果往草丛里收藏。
没有时间看到，
在大好阳光下，
流水像夜空般群星点点闪闪。
没有时间注意到少女的流盼，
观赏她双足起舞翩跹。
没有时间等待她眉间的柔情，
展开成唇边的微笑。

让心回归自然、纯净

古人云："淡泊明志，宁静致远。"其意是说要远离名利，恬淡寡欲，保持一种宁静自然的心态，不追求虚妄之事，修养品行。这是一种美好的境界，然而，生活在这个快节奏年代的现代人们却有着太多的压力，太多的诱惑，太多的欲望，也有太多的痛苦。一个人要以清醒的心智和从容的步履走过岁月，他的精神中就不能缺少淡泊。

庄子在《逍遥游》里讲了一个"尧让天下于许由"的故事。尧被中国古人认定为圣人之首，是天下明君贤主的代称。而许由则是一个传说中的高人隐士。

尧召见许由，很认真地对他说："当太阳和月亮都出现的时候，我们还打着火把，要和日月比光明，这不是不可能吗？天空下了大雨，万物都得到滋育，而我们还挑水去浇灌，我们的行为对禾苗来说不是徒劳吗？"

尧继续对许由说："先生，你的出现使我知道，我来治理天下就好像是火炬遇到了阳光，一桶水遇到了天降甘霖一样，我是不称职的，所以我请求把天下让给你来管理。"

听完尧的谦让之词，许由淡淡地回答道："我看到天下在你的治理下已经非常好了，如果把这样的天下交由我来治理，对我而言难道就图个名吗？名与实相比，实是主人，而名是宾客，难道我就为了这个宾客而来吗？天下还由你治理吧。我向往的幸福生活是自由自在的。名利不是我衡量幸福的标准。"

对许由来说，这种宁静致远的淡泊心智使他连天下都辞让出去，子然一身。用淡泊去明志，才能更好地享受生活，身处青山绿水中，听鸟儿自由地鸣唱，悠游于世间，超然于物外，这是何等博大的境界和情怀。

在南山蜿蜒的小路上，东篱下，一个采菊的身影，挥罢衣袖，吟道："少无适俗韵，性本爱丘山。"在误落尘网三十年后，陶渊明选择了"守拙归田园"，失去了五斗米，却挺直了他的脊梁。

在惶恐滩头，在零丁洋里，文天祥一身浩然正气，不被利禄所惑，不为强暴所服，失去了生命，却得到了千古赞颂。

唐朝的郭子仪，一生仕途得意和失意参半。在朝廷里数次被奸臣谗言陷害，丢官回乡时，他没有表现出一副潦倒落魄之相，而是与平常一样开朗逸旷，坦荡又平易近人，看不出一丁点儿的委屈、怨愤的失意之态。一代学者陶渊明，在人生经历低谷时没有颓废、消沉，而是悠然地过着雅士生活。他选择了失意的坦然，不为五斗米折腰，在寂寞里突出喧嚣，把心融于山水，把情融于自然。

用淡泊来明志，这样，在得与失之间才有了一条宽敞的路，让自己的心灵得到释放，再不必为名利所累，寄情于山水，又何尝不是人生的另一种享受。

离广州10公里的石门，是古代进入广州的必经之地，那里有一泓泉水叫"贪泉"。据说，凡是喝过"贪泉"水的人，都会变得贪婪。因此，经过石门的官吏，没有一个敢喝的，即使非常口渴也竭力忍着，以保证自己的清廉。

有一人叫吴隐之，到广州做官，从"贪泉"路过，听随从说起有这么一回事，便去看看。他看见所谓的"贪泉"实际上只是普普通通的山泉，就蹲下捧着泉水畅饮，随从见状大惊失色，赶紧上前阻拦："这是贪泉，千万不能喝啊！"吴隐之哈哈大笑，说："什么贪泉不贪泉的，我就不信这个邪。贪婪的人不喝也会贪，清廉的人就算喝了也能保持清正廉洁。"随后还赋诗一首以表达自己廉政的决心："古人云此水，一酨怀千金；试使夷齐饮，终当不易心。"这首诗的意思是：人们传说喝了"贪泉"的水便会贪得无厌，欲壑难填。但我认为，如果让品德高洁的伯夷、叔齐（殷商孤竹君的两个儿子）喝了它，一定不会改变廉洁之心的。

吴隐之在广州任职期间，把所得俸禄、赏赐，除了留够吃的一份粮食外，其他都分散赈济亲戚朋友与老百姓。吴隐之的清廉节俭、率先垂范，不仅使属下官员们不敢贪赃枉法，而且使广州民风日趋淳朴，百姓安居乐业。

用淡泊来明志，面对诱惑，人就会有一颗波澜不惊的心。这样，人才能做到出淤泥不染，浊青莲不妖。心境淡泊的人可入世，但不与世同污，众人皆醉我独醒，众人皆浊我独清。我们只有一直都知道自己的目标是什么，才能排除一切杂念，更好地在人生的征途上前行。

静思反省可使人尽善尽美，俭朴节约的生活能培养我们高尚的品德。人如果不清心寡欲就不能使自己的志向明确坚定，不安定清静就不能实现远大理想。人要学得真知就必须使身心处于宁静中。人们的才能是从不断地学习中积累起来的，如果不下苦功学习就不能增长与发扬自己的才干，如果没有坚定不移的意志就不能使学业成功。纵欲放荡、消极怠慢就不能勉励人的心志使人精神振作。冒险草率、急躁不安就不能使人节操高尚。如果年华与岁月虚度，志愿和时日消磨，人就会像枯枝落叶般一天天衰老下去。这样的人不会为社会做出贡献，只会悲伤地困守在自己的穷家破舍里，到那时再悔也来不及了。

用淡泊来明志，这样，就算身居陋室人也会怡然自得，寻觅他人看不到的幽静。用淡泊来明志，让内心世界住满红梅与松柏一般的良师益友；用淡泊来明志，让自己在淡泊中，成长为一个心理健康、人格健全、有修养、能宽容他人的人。

人生，非淡泊无以明志，非宁静无以致远。让我们置身于淡泊之中，让心回归自然、纯净，畅游自己的人生。

第七章
人生不只有沉重，还有风雨后的轻叹

　　对于人生的成与败，企业家马云曾说："我无法定义成功，但我知道什么是失败！成功不在于你做成了多少，在于你做了什么，历练了什么！"他还说："人要被狠狠PK过，才会有出息！"世上可能有一帆风顺的爱情，但一定没有一帆风顺的旅途。在漫漫人生旅途中，我们应像苦行僧一样接受挫折、磨难的洗礼。武林高手比的是经历了多少磨难，而不是取得过多少成功。弱者在挫折中懊悔、倒下，而强者在挫折中学习、成长。

最短的路未必是最快的路

一位乘客上了出租车，并说出了自己的目的地。司机问："先生，是走最短的路，还是走最快的路？"乘客不解地问："最短的路，难道不是最快的路吗？"司机回答："当然不是。现在是上班高峰，最短的路交通拥挤，弄不好还要堵车，所以用的时间肯定要长。你要有急事，不妨绕一点道，多走些路，反而会早到。"

生活中有很多时候我们会遇到类似的问题，虽然条条大路通罗马，但最快的路不一定是最短的路，到达目的地最短的路可能会因某种原因使我们浪费更多的时间。

林肯曾经说过："我从来不为自己确定永远适用的原则。我只是在每一具体时刻争取做最合乎情况的事情。"英国大科学家、电话的发明者贝尔说："不要常常走人人去走的大路，有时另辟蹊径前往云林深处，在那里你会发现你从来没有见过的东西和景物。"

如果把一只蜻蜓放在一个房间里，它会拼命地飞向玻璃窗，但每次都碰到玻璃上，在上面挣扎好久恢复神志后，它会在房间里绕上一圈，然后仍然朝玻璃窗上飞去，当然，它还是"碰壁而回"。

其实，旁边的门是开着的，只因那边看起来没有这边亮，所以蜻蜓根本就不会朝门那儿飞。追求光明是多数生物的天性，它们不管遭受怎样的失败或挫折，总是坚决地寻求光明的方向。而当我们看见碰壁而回的蜻蜓的时候，应该从中悟出这样一个道理：有时，我们为了达到目的，选择一个看来较为遥远、较为无望的方向反而会更快地如愿以偿；相反，则会永远在尝试与失败之间兜圈子。

毫无疑问，人们都愿走直路，沐浴着和煦的微风，踏着轻快的步伐，踩着平坦的路面，这无疑是一种享受。相反，没有多少人乐意去走弯路，在一般人眼里弯路曲折艰险而又浪费时间。然而，人生的旅程中是弯路居多，山路弯弯，水路弯弯，人生之路亦弯弯，所以喜欢走直路的人要学会绕道而行。

学会绕道而行，迂回前进，适用于生活中的许多领域。比如当你用一种方法思考一个问题或从事一件事情，遇到思路被堵塞之时，不妨另用他法，换个角度去思索，换种方法去重做，也许你就会茅塞顿开，豁然开朗，有种"山重水复疑无路，柳暗花明又一村"的感觉。

绕道而行，并不意味着你面对人生的困难而退却，也并不意味着放弃，而是在审时度势。绕道而行，不仅是一种生活方法，更是一种豁达和乐观的生活态度和理念。大路车多走小路，小路人多爬山坡，以豁达的心态面对生活，敢于和善于走自己的路，这样你就会成为一个了不起的开拓创新者。

百折不回的精神虽然可嘉，但如果望见目标，而面前却是一片陡峭的山壁，没有可以攀缘的路径时，我们最好是换一个方向，绕道而行。为了达到目标，暂时走一走与理想相背驰的路，有时正是智慧的表现。

到艰苦的环境中磨炼自己

闯荡于自己不熟悉的环境是艰难的，然而它最能告诉你生存的价值和改变的重要……

毛狗是幺外公唯一的儿子，我们哥儿几个自然应该叫他堂舅舅的，却因为他年纪比我还要小三四岁，我们谁也不肯叫他一声舅舅。后来长大些了，我们觉得叫他毛狗有些不伦不类不恭不敬，就私下里问幺外公，毛狗到底叫啥名字。幺外公眼珠一转，恶声恶气说问他名字干啥，他就叫毛狗，我就要让他晓得自己别比人贱。幺外公游手好闲了半辈子，是方圆二三十里出了名的，从没给过别人好印象。我们哥儿几个都曾私下里说毛狗摊上这么个父亲真是件不幸的事儿。

毛狗长到十六岁那年，幺外公把他交给二外公的大儿子学砖工，谁知两个月后毛狗竟从新疆千里迢迢跑了回来。幺外公问毛狗："你跑回家来干啥子？毛狗说那儿又苦又冷，他想家，想爸妈，说着就哭鼻子，哀求幺外公再不要让他出门了，往后就在家好好侍候爸妈过日子。幺外公转身从门后拖了把扫帚大吼："你个贱狗，给老子跪下！家里只有接待你的三天客饭，三天后就给我滚！"

三天后的毛狗哭别爹娘依依不舍地重新踏上了去大西北的征程。而幺外公的"客饭"之举，一时间家喻户晓路人皆知，人们无不痛骂幺外公，说虎毒还不食子哩，天下哪有这样当爹的！幺外公名声一时较前更为狼藉。而据幺外婆事后说，毛狗吃过三天客饭走时，幺外公是躲在厨房里抹眼泪的。

毛狗二去大西北再也没有回来过，连信也不曾给幺外公写过一封。大约是记恨着不肯原谅幺外公的无情吧！毛狗十八岁那年，从大西北回来的村人对幺外公说：毛狗学了一身好手艺，响当当的砖工师傅了哩！幺外公问毛狗是否有信给我们，那人说没，记恨着你哩！

毛狗二十岁那年，从大西北回来的村人又对幺外公说：毛狗读了不少建筑工程方面的书，当施工员了哩！幺外公问毛狗是否有信给我们，那人说没，记恨着你哩！

毛狗二十二岁那年，从大西北回来的村人向幺外公报喜说：毛狗自己揽了一桩工程，当包工头了哩！幺外公问毛狗是否有信给我们，那人说有哩，就忙从怀里掏出信来给幺外公。

毛狗在信中说：随着年龄的长大与经历的增多，终于明白了那三天客饭的含意，请幺外公原谅他以前不懂事一直记恨在心……看过信的幺外公突然像个小孩般号啕大哭，说自己小时候被父母娇惯，长大了就成了游手好闲的人，怎么也改不了……毛狗终于懂得了自己的苦心，那客饭是无情了点，但值啊！

村人们都说，那天的幺外公哭得好可爱哩！幺外公有生以来第一次给了村人好印象。

把苦难化为前进的动力

古人说：宝剑锋从磨砺出，梅花香自苦寒来。再锋利的宝剑也是经过烈火的锻造而成，梅花也是经历了冬雪的严寒才迎来了阵阵扑鼻的幽香。一个人的成功必定是经历了许许多多的挫折才铸就了自己的辉煌。

我们每个人都会面临各种挑战、各种机会、各种挫折，这时候你能承受的挫折的能力，就是你未来的命运。成功不是一个海港，而是一次埋伏着许多危险的旅程，人生的赌注就是在这次旅程中要做个赢家，成功永远属于不怕失败的人。

有一个博学的人遇见上帝，他生气地问上帝："我是个博学的人，为什么你不给我功成名就的机会呢？"上帝无奈地回答："你虽然博学，但样样都只尝试了一点儿，不够深入，用什么去成名呢？"

那个人听后便开始苦练钢琴，后来虽然弹得一手好琴却还是没有出名。他又去问上帝："上帝啊！我已经精通了钢琴，为什么您还不给我机会让我出名呢？"

上帝摇摇头说："并不是我不给你机会，而是你抓不住机会。第一次我暗中帮助你去参加钢琴比赛，你缺乏信心，第二次缺乏勇气，又怎么能怪我呢？"

那人听完上帝的话，又苦练数年，建立了自信心，并且鼓足了勇气去参加比赛。他弹得非常出色，却由于裁判的不公正而被别人占去了成名的机会。

那个人心灰意冷地对上帝说："上帝，这一次我已经尽力了，看来上天注定，我不会出名了。"上帝微笑着对他说："其实你已经快成功了，只需最后一跃。"

"最后一跃?"他瞪大了双眼。

上帝点点头说："你已经得到了成功的入场券——挫折。现在你得到了它，成功离你不过咫尺之遥。"

这一次那个人牢牢记住上帝的话，他果然成功了。

人生在世，总是会经历挫折的考验。一次挫折，让我们更看清前方的路；两次挫折，让我们明白自己身上的不足；三次挫折，把它当成上帝无聊时的戏弄……挫折是我们通往成功的必经之路，只有读懂了挫折，才能够读懂成功。

有个渔人有着一流的捕鱼技术，被人们尊称为"渔王"。然而"渔王"年老的时候非常苦恼，因为他的三个儿子的渔技都很平庸。

于是，渔人就向一位很有学问的哲人请教："我真不明白，我捕鱼的技术那么好，我的儿子们为什么这么差? 我从他们懂事起就传授捕鱼技术给他们：告诉他们怎样织网最容易捕捉到鱼，怎样划船最不会惊动鱼，怎样下网最容易请鱼入瓮。他们长大了，我又教他们怎样识潮汐、辨鱼汛……凡是我长年辛辛苦苦总结出来的经验，我都毫无保留地传授给了他们，可他们的捕鱼技术竟赶不上技术比我差的渔民的儿子!"

哲人听了他的诉说后，问："你一直手把手地教他们吗?"

"是的，为了让他们得到一流的捕鱼技术，我教得很仔细很耐心。"

"他们一直跟随着你吗?"

"是的，为了让他们少走弯路，我一直让他们跟着我学。"

哲人说："这样说来，你的错误就很明显了。你只传授给了他们技术，却没传授给他们教训，对于技能来说，没有教训与没有经验一样，都不能使人成大器!"

渔夫以为自己手把手地把自己的人生经验传授给儿子们，他们就可以不必再经受那些苦难，就可以成为和渔夫一样的捕鱼高手。殊不知，经验要在挫折中磨砺、取得。没有经历过挫折，又怎么能够成为一名出色的捕鱼高手呢？

人生在世，几乎人人都会遇到挫折。在挫折中勇敢地前进，把苦难化为前进的动力，把跌倒转化为经验，把委屈升华为不屈。这样，在这条人生之路上，你才能越走越顺，道路才会越走越宽。

挫折，是通向成功大门的必经之路。如果没有挫折，贝多芬不会谱写出让世人惊叹的《命运交响曲》；如果没有挫折，也不可能成就凡·高卓绝的艺术成就；如果没有挫折，也不可能会有《红楼梦》；如果没有挫折，也不可能成就李嘉诚亚洲首富的传奇。

古人说，"祸兮，福所依"。挫折也是一个一体两面的事物，常常要在困苦过后，你才能够看见希望的曙光。没有挫折，你就不可能在迈向成功的路上拾得宝贵的经验，你也就不可能成功。

在人生的旅途中，挫折是一笔财富，这能使人的性格越发坚韧。挫折人人都会遇到，遇到的挫折越多，那么战胜挫折的心理就越旺盛。因此，当遇到困难时，你不会退缩，并能够勇于克服；当遇到失败时，你不会放弃，你会从头再来；当遇到苦难时，你不会抱怨，你会敢于战胜。挫折会使你的性格坚韧，让你能够顺利地走向成功。

平静的湖面，练不出精悍的水手；安逸的环境，造不出时代的伟人。挫折，是上帝给成功者准备的一道坎，只有穿过这道坎，战胜挫折的勇士，才能最终走向成功。

苦难只是迈向成熟的一道坎儿

很久以前，有一个地方建起了一座规模宏大的寺庙。竣工之后，附近的人们就来寺庙祈福。但是新盖的寺庙没有佛像供大家参拜，众人就祈求佛祖给他们送来一个最好的雕刻师，雕刻一尊佛像让大家供奉。于是佛祖就派了一个擅长雕刻的罗汉幻化成雕刻师来到人间。

雕刻师在两块已经备好的石料中选出了一块质地上乘的石头，开始雕刻。可是，他刚拿起凿子凿了几下，这块石头就喊起痛来，无法忍受雕琢的剧痛。

雕刻师劝它说："不经过细细的雕琢，你将永远都是一块不起眼的石头，无法享受至高无上的荣耀，还是忍一忍吧。"

可是，等他的凿子一落到石头身上，那块石头依然哀号不已："疼死我了。求求你，饶了我吧！我不要享受至高无上的荣誉。"雕刻师只好停止了工作。于是，罗汉就选了另一块质地远不如它的粗糙石头雕琢。

虽然这块石头的质地相比较第一块差些，但它因为自己能被选中，所以内心充满了激动之情，同时也对自己将被雕成一尊精美的雕像深信不疑。所以，不管雕刻师用刀琢还是用斧敲，它都以坚忍的毅力默默地承受过来了。

不久，一尊肃穆庄严、气魄宏大的佛像赫然立在人们的面前，大家惊叹不已，把它安放到了神坛上。

这座寺庙的香火越来越旺，日夜香烟缭绕，天天人流不息。为了方便日益增加的香客行走，那块怕痛的石头被人们搬去填坑筑路了。由于当初承受不了雕琢的痛苦，现在只得忍受人来人往、车碾脚踩的痛苦。看到那尊雕刻好的佛像安享人们的顶礼膜拜，享有至高无上的荣誉，它的内心总觉得不是滋味。

有一次，它愤愤不平地对路过此处的佛祖说："佛祖啊，这太不公平了！您看那块石头，它的资质比我差得多，为什么它可以享受人间的礼赞尊崇，而我却要遭受凌辱践踏，日晒雨淋，您这么做太偏心了。"

佛祖微笑着说："它的资质是不如你，但是它的荣耀却来自那一刀一锉的雕琢之痛啊！因为你受不了雕琢之苦，所以才得到这样的命运啊！"

其实，每个人都像佛祖脚边的一块石料，当你要在某一领域成就什么的时候，佛祖会看见。他会给你的前路摆放一堆你必须要历经的苦难。

而当你忍受了这一个又一个的苦难，跨越这一番又一番磨炼，向着心中的目标迈进的时候，上帝的刻刀已在你的身上雕琢了一遍又一遍。你无须抱怨，因为那是上帝在成就你的心愿。

有一个男孩在 4 岁时不幸患上了麻疹和可怕的昏厥症，这两种病症使他险些丧命；至此之后，各种病痛几乎与他如影相随。儿童时期，他又患上了严重的肺炎；中年时又有着严重的口腔疾病，口舌糜烂，满口疮痍，没办法，只好拔掉所有牙齿；紧接着又染上了可怕的眼疾，他几乎不能够凭视觉行走；50 岁后，相继发作的关节炎、肠道炎、喉结核等多种疾病吞噬着他的肌体；后来，他完全不能发出声音，只能由儿子凭他的口型来表达他的思想；在他 57 岁那年，他离开了人世。

这个从 4 岁时便开始与苦难为伍，直到死时依然没能摆脱困难纠缠的人就是世界超级小提琴家帕格尼尼。纵然经历了几乎世间所有的痛苦，但是苦难却没有使他低头，相反，他却在苦难中脱颖而出，受到了世人敬仰。

他长期闭门不出，把自己禁闭起来，疯狂地每天练 10 个小时琴，忘记了饥饿与劳累。在 13 岁时，他过着流浪者的生活，开始周游各地，除了身上的一把琴，他一无所有。同时，他坚持学习作曲与指挥艺术，付出艰辛的精力与汗水，创作出了《随想曲》《无穷动》《女妖舞》和 6 部小提琴协奏曲及许多吉他演奏曲。

15 岁时，他成功举办了一次举世震惊的音乐会，一举成名。他的名声传遍英、法、德、意、奥、捷等很多国家。

帕尔玛首席提琴家罗拉听到了他的演奏惊异地从病床上跳下来，木然而立。维也纳一位听到他琴声的人，以为是一支乐团在演奏，当得知台上是他一人的独奏时，便大叫着，"他是一个魔鬼"，匆匆逃走。卢卡共和国宣布他为首席小提琴家。

苦难，从来都不是强者的绊脚石。

俄国著名戏剧家契科夫说："困难与折磨对于人来说，是一把打向坯料的锤，打掉的应是脆弱的铁屑，锻成的将是锋利的钢刀。"帕格尼尼就是那把经由苦难锻造而成的钢刀。

苦难，是人生路上的一道不可避免的坎儿，像桑蚕的茧，虽然痛苦，却是人生不得不经历的一个过程。

只有经历了苦难的生命才会散发出耀眼的光芒。事物的美丽不是信手拈来，卓越的成就也不是一蹴而就的，人生必须在痛苦的泪水中孕育，在忍耐的土壤里生根，在等待的岁月中发芽，在坚守的季节里开花。人生，也只有忍受无数次量变的痛苦，才能升华到质变的美丽。

正视缺陷，向着太阳前行

一只毛毛虫向上帝抱怨："上帝啊，你也太不公平了。我作为毛毛虫的时候，丑陋又行动缓慢，而当我变成了蝴蝶后，却美丽又轻盈。前期遭人厌恶，后期又招人赞美。这也太不公平了吧！"

上帝点了点头，说："那你准备怎么办？"

毛毛虫接着说："这样吧，平衡一下。我现在虽然丑陋点，但你让我行动轻盈点；当我化为蝴蝶后，就让我行动迟缓一点。"

"这样啊，那恐怕你活不了多久啊！"上帝摇了摇头。

"为什么啊？"毛毛虫焦急地反问。

"如果你有蝴蝶的漂亮却只有毛毛虫的速度，是不是很容易就被人捉了去呢？现在之所以没人碰你，就是因为你的丑陋啊。"上帝语重心长地说。

毛毛虫想了想，决定还是做一只缓慢而丑陋的毛毛虫。

俗话说：金无足赤，人无完人。在这个世界上没有任何一个人是完美的。面对自己的缺陷，不要一味地害怕，如果一味害怕别人的嘲笑，别人轻蔑的眼神，那只能让自己陷入更可悲的境地。

勇于正视自己的缺陷，要懂得爱惜自己。面对自己的缺陷，自己都选择一味地自卑，那又凭什么让别人来尊重你；在缺陷面前，只有选择了挺直腰板，勇敢面对生活中的风雨，才能赢得别人赞赏的眼神、尊重的目光。

一个男孩，从小到大都是坐在教室的最前排，因为他的个子一直是班上最矮的，只有一米二，而这个身高从此没有再改变过。他患的是一种奇怪的病，医学上称是内分泌失常导致的。

他的家境不好，父母都是农民，却要供养三个孩子念书。他上中学了，父母决定从学校叫回一个孩子，他们的目光首先落到了矮小的他身上。可他倔强地回绝了父亲："我要上学，学费我自己想办法！"从此，他拎着一个大大的塑料袋开始了自己的拾荒生涯，将一包包的废品换成学费。

在后来的一次事故中，父亲不幸丧失了劳动能力，矮小的他不得不连养活兄妹的担子也替父母扛起来。但很显然，卖破烂的钱已远远不够。偶然的机会，他听人说烟台一带拾荒的人少，就和父亲来到了烟台。为了生计，他边拾荒边乞讨，有空的时候，他就坐在人来车往的大街边捧着书本看。

父亲说，讨饭的看书有什么用。他反驳道，乞丐也有两种，一种是形式上的，一种是精神上的，他是第一种。

在拾荒与乞讨的间隙，他以超乎常人的毅力与决心，学完了高中的所有课程，因为他有一个梦想。功夫不负有心人，在 2003 年，他以超出本科线 30 分的成绩被重庆工商大学录取。他就是袖珍男孩——魏泽阳。

有人问他为什么能改变自己的命运。他从容地说："我可以贫穷，却不可以低贱；我可以矮小，却不可以卑微！"

正视缺陷，它不是我们逃避生活的借口，而应该成为我们更加热爱生活的动力。正视命运带来的缺陷，既然不能改变命运，那就要有能迎接命运不公的勇气。正如魏泽阳所说，生活中可以有缺陷，但却不能让缺陷把自己变得卑微，让缺陷阻挡自己前进的道路，阻挡自己去实现梦想。

面对梦想，没有什么能成为你的阻力，除了你自己。缺陷也是上帝给你的一次人生的磨砺，是勇敢地面对，还是盲目地逃避，取舍都在你的一念之间。若你总是一味地逃避，那你就只能永远带着缺陷的阴影一事无成；而若你选择勇敢地正视缺陷，你就可能改变自己的命运，把命运牢牢地握在自己手里，真正成为自己的主人。

勇敢地正视缺陷，把缺陷当作动力，张海迪在轮椅上完成了外国名著《海边诊所》的翻译；海伦·凯勒是一个又盲又聋又哑的人，但她却写出了《假如给我三天光明》这样励志的散文著作。正因为勇敢地面对了人生中的缺陷，司马迁才能在遭受宫刑之后，写出了鸿篇巨制《史记》；正因为勇敢地面对了人生中的缺陷，残奥会冠军何军权才能在游泳的赛场上一次一次地为祖国谱写辉煌。他们用自己的亲身经历，唤醒了每一位对生活失去信心的人；他们用自己的奋斗经历，谱写了拼搏人生、战胜宿命的凯歌。

被西欧称为"历史性的雄辩家"的狄里斯也曾是一个呼吸短促、说话低沉、口齿不清的人，和他说话，旁人经常听不懂他在说什么。不过，他却是一个知识渊博、思想深刻的人；他很擅长分析事理，在当时，几乎无人能出其右。

当时，在狄里斯的祖国首都雅典，有很严重的政治纷争，因此，能言善辩的人格外受到重视。狄里斯也在演讲人之列，虽然他知道自己缺乏说话的技巧很不合时宜，但经过一番充分的考虑之后，他还是从容地走上了讲台。但就因为他的低音和肺活量不足，口齿不清，以至于别人无法听清楚他所说的话。所以，不幸的，狄里斯的这次演讲失败了。

但是，狄里斯并不灰心，借助这次失败，他反而比过去更努力了，努力训练自己的胆量和意志力。他每天都跑到海边去，对着浪花拍打的岩石大声喊叫，回家以后，又对着镜子练习说话嘴型，作发音练习，一直持续不辍，狄里斯就是这样努力了好几年，直到他27岁时，终于再度走上台向众人演说。

至此，辛苦的努力也总算有了成果。他这次盛大的演讲，得到了许多的喝彩与掌声，而狄里斯的名气，也就这样打响了。

　　人生，有缺陷又怎么样，只要自己肯努力，敢于把命运不公的那只球给它扣回去，就能够成为一个生活的强者。人生，有缺陷又怎么样，只要自己不看轻自己，别人就没有立场来轻视你；人生，有缺陷又如何，只要有梦想，只要有一颗对生活积极向上的心，依然可以抛掉缺陷的影子，向着太阳前进。

每走一步，都让自己看到希望

一位父亲带着儿子去参观凡·高故居，在看过那张小木床及裂了口的皮鞋之后，儿子问父亲："凡·高不是位百万富翁吗？"父亲答："凡·高是位连妻子都没娶上的穷人。"

第二年，这位父亲带儿子去丹麦，在安徒生的故居前，儿子又困惑地问："爸爸，安徒生不是生活在皇宫的吗？"父亲答："安徒生是位皮匠的儿子，他就生活在这栋阁楼里。"

这位父亲是一个水手，他每年来往于大西洋的各个港口，这位儿子叫伊尔·布拉格，是美国历史上第一位获普利策奖的黑人记者。20年后，在回忆童年时，他说："那时我们家很穷，父母都靠出苦力为生。有很长一段时间我一直以为像我们这样地位卑微的黑人是不可能有什么出息的。好在父亲让我认识了凡·高和安徒生，这两个人告诉我，上帝没有看轻卑微。"

从这个故事可以看出，这个儿子没有自卑，才使自己的人生没有虚度，才让自己的人生远离了不幸。

在社会上，自卑的人总感觉处处不如别人，自己看不起自己，"我不行""我没希望""我会失败"等话总是挂在嘴边。自卑的人往往自尊心极强，自卑与自尊经常会发生冲突，这种冲突会造成极其浮躁的心理。谁都曾有过自卑的念头，但千万不要让这种危险的念头主宰了你，你要相信，你会战胜自卑的。

1951年，英国人富兰克林从自己拍得极为清晰的DNA（脱氧核酸）的X射线衍射照片上，发现了DNA的螺旋结构，就此还举行了一次报告会。然而富兰克林生性自卑多疑，总是怀疑自己论点的可靠性，后来竟然放弃了自己先前的假说。可是就在两年之后，霍森和克里克也从照片上发现了 DNA 分子结构，提出了 DNA 的双螺旋结构的假说。这一假说的提出标志着生物时代的开端，因此而获得1962 年度的诺贝尔医学奖。假如富兰克林是个积极自信的人，坚信自己的假说，并继续进行深入研究，那么这一伟大的发现将永远记载在他的英名之下。

要战胜自卑，首先要树立自信，自信是战胜自卑的最强大的武器。美国幽默作家霍尔摩斯有一次出席一场会议，席间他是身材最为矮小的人。一位朋友脱口而出："霍尔摩斯先生，你站在我们中间，是否有鸡立鹤群的感觉？"

很明显，这个朋友在笑话霍尔摩斯的身材矮小，所幸的是他不是一个自卑的人。他说："我觉得自己像一堆便士里的铸币。铸币面值十分，但比一分的便士体积小。"

有许多人，由于生理缺陷、性别、出身、经济条件、政治地位、工作单位等原因，常常造成自卑的心理。自卑对个人的身心和发展是不利的，也有碍于正常的人际交往。卡耐基对自卑心理做了较为精辟的研究，对如何克服自卑，他有独到的见解。在他的书里有这样一个故事：

凯西·拉曼库萨是一位不幸的母亲，当她的儿子琼尼降生时，孩子的双脚向上弯着，脚底靠在肚子上。凯西·拉曼库萨是第一次做妈妈，只是觉得这个样子看起来很别扭，一点也不知道这将意味着小琼尼先天双足畸形。医生保证说，经过治疗，小琼尼可以像常人一样走路，但像常人一样跑步的可能性则微乎其微。琼尼 3 岁之前一直在接受治疗，和支架、石膏模子打交道。经过按摩、推拿和锻炼，他的腿果然渐渐康复。七八岁的时候，他走路的样子已经和正常人差不多了，几乎看不出他的腿有过毛病。

虽然琼尼走路的样子接近正常人，但是凯西总让他走得远一些，比如去游乐园或去参观植物园。小琼尼走久了就会抱怨双腿疲惫酸疼，可凯西坚持让他多走走，多练练。邻居的小孩子们做游戏的时候总是跑过来跑过去，小琼尼看到他们玩就会马上跑过去，跟着跑啊闹啊。他母亲从不告诉他不能像别的孩子那样跑，从不说他和别的孩子不一样，所以他一直和孩子们玩得很高兴。

七年级的时候，琼尼决定参加横穿全美的跑步比赛。每天他和大伙一起训练。他坚持每天跑 4 ~ 5 英里。有一次，他发着高烧，但仍坚持训练。他母亲一整天都为他担心。两个星期后，在决赛前的 3 天，长跑队的名次被确定下来。琼尼是第六名，他成功了。他才是个七年级学生，而其余的运动员都是八年级学生。

被医生宣判了不能跑步的琼尼不仅能跑了，而且在他那个年龄来说，成绩相当的优异。这是因为他自小没有为自己不如别人而自卑，相反的他从小就怀有成功的信念。所以说，克服自卑最重要的是要建立信心，充满自信。

每个人由于气质、文化素养及生活环境的不同，脾气、性格都不尽一致。但无论哪种人，自卑都是不正常的心理活动，应及时清除掉。

1. 警惕消极用语

你是不是经常使用一些消极性的自我描述用语？如"我就是这样""我天生如此""我不行""我没希望""我会失败"等。如果你总是把这些消极用语挂在嘴边，就只能使你更加自卑。把这些句子改成"我以前曾经是这样""我一定要做出改变""我能行""我可以试试""这次会成功的"，并且要经常对自己说或写下来贴在你房间的床头和书桌上。

2. 从另一个方面弥补自己的弱点

每个人都有多方面的才能，社会的需要和分工更是多种多样的。一个人这方面有缺陷，可以从另一方面谋求发展。只要有了积极心态，就可以扬长避短，把自己的某种缺陷转化为自强不息的推动力量，也许你的缺陷不但不会成为你的障碍，反而会成为你成功的条件。因为它促使你更加专心地关注自己选择的发展方向，促成你获得超出常人的动力，最终成为超越缺陷的卓越人士。

3. 用行动证明自己的能力与价值

其实，看一个人有没有价值，根本用不着进行什么深奥的思考，也用不着问别人，有人需要你，你就有价值；你能做事，你就有价值。因此，你可以先选择一件自己最有把握又很有意义的事情去做，做成之后，再去找一个目标。这样，每一次成功都将强化你的自信心，弱化你的自卑感，一连串的成功则会使你的自信心趋于巩固。

4. 全面了解自己，正确评价自己

你不妨将自己的兴趣、嗜好、能力和特长全部列出来，哪怕是很细微的东西也不要忽略。你会发现你有很多优点，并且对自己的弱项和遭到失败的地方持理智和客观的态度，既不自欺欺人，又不将其看得过于严重，而是以积极的态度应对现实，这样自卑便失去了温床。

5. 用微笑对抗逆境

人生是变幻的，逆境也绝不会一成不变。也许，今日的逆境，将会造就未来的成功！逆境可以磨炼我们坚毅的品质，并让我们对人生进行深层次的思考。同时，在微笑中我们能吸取失败的经验，轻轻松松地迎接下一次挑战。你可以微笑着告诉自己："一次失败不能证明全部失败，只有放弃尝试才必定失败。"

6. 每天给自己一个希望

在这个世界上，有许多事情是我们所难以预料的。我们不能控制机遇，却可以掌握自己；我们无法预知未来，却可以把握现在；我们不知道自己的生命到底有多长，但我们却可以安排好现在的生活；我们左右不了变化无常的天气，却可以调整自己的心情。每天给自己一个希望，让自己的心情放飞，不知不觉中自卑也就随风而去。

经历过风雨，才能看得见彩虹

"不经历风雨，怎么见彩虹，没有人能随随便便成功！"人们都喜欢七彩的彩虹，美丽、梦幻，却忘记了带来美丽彩虹的常常是肆虐的风雨。其实，何止彩虹，生活中的很多东西都如同雨后的彩虹，只有经历了挫折、痛苦的洗礼才能够收获甜美的果实。

很久以前，上帝还住在地球上。有一天，一个农夫找到上帝，对上帝说："我的神啊，也许是您创造了世界，但是您毕竟不是农夫，我得要教您点儿东西。"

听农夫这样说，上帝虽然疑惑，但也答应了农夫的要求，对农夫说："那你就告诉我吧。"

农夫信誓旦旦地对上帝说："给我一年时间，在这一年里，按照我所说的去做，我会让您看见，世界上再不会有贫穷和饥饿。"

在这一年里，上帝满足了农夫提出的所有要求，没有狂风暴雨，没有电闪雷鸣，没有任何对庄稼有危险的自然灾害发生。当农夫觉得该出太阳了，就会阳光普照；要是觉得该下雨了，就会有雨滴落下，而且想让雨停雨就停。

风调雨顺的环境真是太好了，小麦的长势特别喜人，农夫欣喜地想着。

一年的时间到了，农夫看到麦子长得那么好，就又到上帝那儿去了，对上帝说："您瞧，要是再这么过10年，就会有足够的粮食来养活所有的人。人们就算不干活也可以安逸地生活了。"然而，等人们收割小麦的时候，却发现麦穗里什么都没有，这些长得那么好的麦子，竟然什么都没结出来。这让农夫惊讶极了，于是又跑到上帝那儿去了："上帝啊，这究竟是怎么回事呀？"

"那是因为小麦都过得太舒服了，没有经历任何打击是不行的。这一年里，它们没经过任何风吹雨打，也没受到过烈日煎熬。你帮它们避免了一切可能伤害它们的东西。没错，它们长得又高又好，但是你也看见了，麦穗里什么都结不出来，小麦也还是时不时需要些挫折的，我的孩子。"上帝说。

不经历风雨，怎能见彩虹？没有经历过风吹雨打的小麦成为不了有用的小麦，同样，没有失败的人生绝不是完美的人生。当你战胜失败的时候，你会对成功有更深一层的感悟。

在现场直播过程中，主持人最怕遇到的困难就是在直播现场出现一些让人无法预料的情况发生。现场出现的各种束手无策的情况都会让主持人难堪。

而作为央视曾当红一时的主持人倪萍也遇到过这样的情况。有一次倪萍专门为几对金婚的老年朋友举办一期《综艺大观》，他们都是我国各行各业卓有成就的科学家。其中有一位是我国第一代气象专家，曾多次受到毛主席、周总理的亲切接见。

在直播现场，当倪萍把话筒递到这位老科学家面前准备采访时，老科学家顺势就将话筒接了过去。对于直播中的主持人来说，如果把话筒交给采访对象，就意味着失职，因为你手中没有了话筒，现场的局面你就无法掌握了。更严重的是，对方如果说了不应该说的话，你就更被动！但那时众目睽睽，倪萍根本无法把话筒再要回来。

"我首先感谢今天能来到你们中央气象台！"这位老专家第一句话就说错了。全场观众大笑。倪萍伸出手去，想把话筒接回来，但老专家躲开了。后来倪萍又两次伸出手去，但老专家还是没将话筒还给她。舞台上出现了倪萍和老专家来回夺话筒的情况。台下的导演急得直打手势，倪萍更是浑身出汗。

直播结束后，不少观众来信批评倪萍："不应该和老科学家抢话筒，要懂得尊重别人……"倪萍认真地反省了自己，她知道这是她作为节目主持人的失职。面对上亿观众，她绝对不应该抢话筒，更不应该随便打断别人的讲话，更何况是年轻人对长者。但观众们又何尝知道，直播节目的时间一分一秒都是事先周密安排的。如果这位长者占了太长的时间，后面的节目就没法连接了。

问题发生后，倪萍没有刻意去推脱责任，反而主动承担了这次失误的责任。事后，她仔细回忆了当时的情景，试图从中找到原因。倪萍说，人不怕犯错误，就怕接连犯相同的错误。所以，经过反复的思考和总结，她得出了这样的体会：如果自己在直播前和这位长者多交流交流，了解她的个性，掌握她的说话方式，那天就不会出现这类尴尬的场面。

从这件事情以后，每当要录直播节目前，倪萍都做足了功课，了解出席嘉宾的个性并掌握他们的说话方式，以做到自己心中有数，上台面对各种情况都能够临危不乱。

痛苦、失败和挫折是人生必经的阶段。受挫一次，对生活的理解就会加深一次；失误一次，对人生的领悟便增添一次；磨难一次，对成功的内涵便透彻一次。彩虹总在风雨后，从这个意义上说：想获得成功和幸福，想过得快乐和充实，首先就得真正领悟失败、挫折和痛苦。

像苦行僧一样面对人生起落

　　每个人在一生中都会沐浴幸福和快乐，也会经历过坎坷和挫折。幸福快乐时，我们总是感觉时间短暂；而痛苦难过时，我们就会抱怨度日如年。但无论快乐也好，痛苦也罢，都是人生中不可避免的一堂必修课。

　　唐朝宰相裴休是一位虔诚的佛教徒，他的儿子裴文德，天资聪颖，博学多才，年纪轻轻就中了状元，被皇帝钦点为翰林。但裴休知道，儿子从小就在安逸的环境中长大，不知世间疾苦，飞黄腾达得太快，难免根基不牢，因此就把他送到寺院里修行参学，并要他先从行单（苦工）上的水头和火头做起。

　　裴文德住在寺院里，天天挑水砍柴。他从小到大，哪干过这种苦活，几天下来，弄得身心疲惫、烦恼重重，只因父命难违，不得不强自隐忍，心里却不甘不愿，经常发些牢骚。

　　有一天，他好不容易把水缸挑满，累得浑身大汗，放下扁担，随口就来了两句诗以发泄心中的苦闷："翰林担水汗淋腰，和尚吃了怎能消？"

　　寺里的住持无德禅师刚巧从此路过，听到裴文德的牢骚话，不禁微微一笑，也念了两句偈："老僧一炷香，能消万劫粮。"

　　裴文德听了不觉一惊。他诗中的"汗淋"与"翰林"谐音，颇具才思，但跟无德禅师偈语中显示的宏大气魄相比，犹如滚滚波涛中的一个小浪花，是那么微不足道。由此他知道了自己的浅薄，从此收束身心，安心劳作，勤修心性，受益匪浅。

　　只有聪明人才知道需要吃苦，只有傻瓜才以为轻闲是福。没有苦难的人生绝不是完美的人生。只有当你尝到苦难的滋味时，你才知道当下的幸福有多么难得。

只有历经过苦难的人才能以更顽强、更成熟、更加勇敢的姿态来面对世间纷扰。人的才能需要在吃苦中磨炼，人的意志需要在吃苦中砥砺，人的情感需要在吃苦中成熟，人的阅历需要在吃苦中丰富，真正的快乐和幸福也只能从吃苦中收获。

命运是无情的，也许我们每个人都无法选择它。但是，很多时候，我们会发现，在经历了苦难之后，我们的心开始变得勇敢，我们的意志开始变得坚强。

王洛宾，这位被誉为中国"西部民歌之父"的音乐大师，一生历经坎坷，曾身陷囹圄，妻离子散，长期处于心理压力极大的逆境中。然而他却以"胜似闲庭信步"的态度，投身于大西北的沙漠孤烟之中，创作了《在那遥远的地方》等多首西部民歌。

以一首《新鸳鸯蝴蝶梦》唱红大半个中国的黄安，人生也是饱经沧桑。他小的时候由于家庭不和，过早地踏上谋生之路。在社会上打滚，使他小小年纪就尝到了人生的艰辛，岁月的悲苦。他在娱乐圈默默地打拼了将近十载春秋，却无人知晓。直到有一天，他妻子怀孕了，却无钱接生和养育，眼角含泪的他，面对岁月的无情，人生的无奈，当即挥毫写下《新鸳鸯蝴蝶梦》，以至走红中国，也使他迎来了人生的辉煌时刻。

苦难，是每个人都会经历的人生中必不可少的一堂课程。然而，面对苦难，会使你冷静地反思自己，使你能正视自己的缺点和弱项，努力克服不足，从而驾驭生命的帆船，乘风破浪，以求一搏，从失意的废墟上重新站起来；面对苦难，当命运让我们无可选择的时候，我就要勇敢地接受苦难、阅读苦难并且超越苦难。

彩虹应风雨而生，成功应苦难而成！上帝是个公平的神，给你几分苦难，就相应地回赠给你几分天才。

一场大火，把实验室烧成一片瓦砾。爱迪生研究有声电影的所有资料和样板被烧成灰烬。他的老伴难过得哭了出来："多少年的心血，叫一场火烧了个精光。而今你已年迈力衰，这可怎么办啊！"爱迪生也很伤心，但他决不会由此趴下。发明电灯时，他就先后试验了7600多种材料，失败了8000多次，仍不气馁，终于获得成功。眼下这场火灾也同样不能使他后退。爱迪生对老伴说："不要紧，别看我67岁了，可是我并不老。从明天早晨起，一切都将重新开始。"

苦难是人生中的一堂必修课。经历了苦难，勾践才能一举灭吴；经历了苦难，李嘉诚才有了他亚洲首富的传奇；经历了苦难，比尔·盖茨才终成一代商业奇迹；也是经历了苦难，塞万提斯才终成了一部不朽之作《堂吉诃德》。生活中，遭遇了苦难不要懊恼，正视苦难带给你的成长，它会成为你人生中一笔不可多得的财富。

第八章
笑看人生，淡然面对盛世繁华

　　我们生活的旋律，太容易被外界所扰乱了。许多时候，我们喜欢盲目跟风，喜欢追求刺激，这都不是理性的人生状态。人生如同美国的西部牛仔片。在嘈杂的酒吧里，恶徒坐着喝酒，流氓拼命打架，而弹琴的人就在这个混乱险恶的处境中照弹不误。你得学会这琴师的本事，不管酒吧里发生了什么事，你都要弹你的曲子。

　　人生在世，每个人都不可避免地会遇到这样或那样的诱惑、挫折。当面对诱惑、挫折时要始终保持一颗淡然、冷静的心，才能更好地审时度势，才能在坎坷的人生旅途上做到宠辱不惊，也才能让自己达观面世，笑看人生。

用清澈的心面对浮华的世界

身处霓虹闪烁的大千世界，总有太多的事情需要我们为之忙碌，为之烦恼；总有太多的事物我们想得到，总有太多的东西，让我们难以放下。于是，心就在这样的烦恼中日日受煎熬，变得不知所措，无所适从。

有一则故事说，有一天，下大雨了，在滂沱的大雨中，每一个人都匆匆地向前奔跑，唯有一人不急不慢，在雨中踱步。

"你干吗不跑啊?"有人问道。

那人不急不慢地答道;"急什么，前面也在下着雨呢。"

既然前面也在下着雨，那何不悠闲、从容地漫步雨中，停下来好好欣赏这一刻的雨景呢? 不必每时每刻都让自己步伐匆匆，不得停休。

佛祖的大弟子神秀大师曾做一首偈子，"身是菩提树，心如明镜台。时时勤拂拭，勿使惹尘埃"。说的就是要常常扫除内心的尘埃，让自己的心灵保持洁净，只有时常清理自己心头的尘垢才能在人生的道路上走得更远。

只有把心灵中的尘埃扫除，人才能够以更加清澈的心来面对这一个浮华的世界，才能以一颗更加从容、淡定的态度行走于世间。

"怎么扫呢?"

"用惭愧、忏悔、返照、觉察、觉照、念念分明、念念做主、念念觉察、念念觉照，这样就能把心中的尘埃扫掉了。"

这是佛陀和弟子周利盘特迦的对话。据说佛陀教了周利盘特迦一句偈语，但周利盘特迦在一百天里，都没把这句偈语读熟。前面学会了，后面便忘记了；后面学会了，前面又忘记了，始终都没有办法记下来。

于是慈悲的佛陀把周利盘特迦带到了一个清净、安静的房间，指着房内的扫帚说："既然没有办法记住那句偈语，就只念'扫帚'好了，这样应该不会忘记的。扫帚是用来清扫灰尘污垢的，我们的心中也有很多无明、烦恼、怨气使宝镜蒙尘，也应该把这些扫除。"

佛陀说的"宝镜蒙尘"是理，"扫地"是事，理和事是相通的。周利盘特迦在理上不能理解，佛陀就教他先从事上入手，由外而内，借着扫地来显理。因此，如果不太明理，不妨先从事上做，从事上修，时间久了，慢慢就会由事及理，从事显理。

佛先教他念"扫帚""除垢"，然后再进一步体会除去外面的尘垢之后，还应除去心中的尘垢，而周利盘特迦也确实找到了这一条修行的道路。

所以，周利盘特迦就说："佛问圆通，如我所证，返息循空，斯为第一。"

对于生活在凡尘俗世中的我们，明理最终是为了做事更有秩序和规章，自己的生活、心境更加明朗与惬意。定期清理自己心头的尘垢才能更进一步。试想一下，假若我们心头的尘垢越积越厚，就会像家里的垃圾桶堆满了废品一样发出难闻的气味。也许你还不明了自己的心中都有什么尘垢，那你先试着想想，你时常易怒吗？生气吗？抑郁吗？得理不饶人吗？斤斤计较吗？

时刻用"扫帚"来清理心灵中的尘灰，让心灵更加通透，明晰，也才能从容。

从容，是一种人生态度。用从容的态度面对人生，才能够更加达观，更加全面；用从容的态度面对人生，才能够做到不以物喜，不以己悲；用从容的态度面对人生，才能够让自己始终保持一颗平静、不浮躁的心，才能让自己更好地享受生活。

一次，有一位学者去访问原美国海军陆战队的将军——史密德里·柏特勒少将。这位少将是所有统率过美国海军陆战队的人里最多姿多彩、最会摆派头的将军。学者对少将的处事作风做了尖锐的批评，并将批评文章刊登在报纸上。少将得知后却是一副满不在乎的样子。旁人很奇怪，就问少将为何不生气。

少将说："我了解，买了那份报纸的人大概有一半不会看到那篇文章；看到的人里面，又有一半会把它只当作一件小事情来看；而在真正注意到这篇文章的人里面，又有一半在几个星期之后就会把这件事情全部忘记。一般人根本就不会想到你我，或是关心批评我们的什么话，他们大部分时间里会想到他们自己，无论是早饭前，还是早饭后，还是午夜时分。他们对自己的小问题的关心程度，要比对遇到的大消息更关心一千倍。所以我们还有什么必要解释呢？"

面对别人的恶意诋毁，选择从容应对，理性分析，并不让这件事影响自身的情绪，柏特勒少将的这种做法值得我们借鉴、学习。

生活中，我们难免也会遇到这样一些让我们闹心的事，是像那位将军一样选择漠视还是让自己难过，全在你的一念之间。

从容，是经历人生的岁月蹉跎和道路的泥泞坎坷后的平心静气、淡然一笑；从容，是在取得欣喜成就后仍保留一颗荣辱不惊的心；从容，是在诱惑面前的泰然自若；从容，是在身处喧嚣的同时，给自己找到一份心的超然，一份宁静。从容，能让志向远大的你，不受尘世污秽的干扰与冲击，人生也会过得更潇洒。

从容淡定，意味着在大多数时候应该保持好心情，"谦虚谨慎，戒骄戒躁"。意味着自己还有更广阔的境界，更宏大的作为，而在事业之余，对美好的事物有更好的鉴赏力，看一片大好的自然景色，看一部艺术水平高的电影，都可以调剂好从容淡定的气度与心情。

保持定力，抑制住那颗躁动的心

从前一个寺院里住着几个和尚，一个老师父和几个小徒弟。他们平平静静地生活着，与世无争，怡然自乐。

日子一天天悠闲地过去了，老师父已经是一个白胡子老头了，他知道自己不久将撒手西去，于是便想找一个接班人来代替他管理这个寺院。他决定从平时表现最好的两个徒弟中选一个来接手寺院。

有一天，老和尚便把那两个徒弟叫到跟前，吩咐他们说："你们去后山的树林里各自找一片最完美的树叶回来给我。"两个小徒弟不知道师父这葫芦里卖的是什么药，但也只好领命而去。

两个小徒弟走到树林里。一个小和尚想：这里的树叶不计其数，可是每一片树叶都是独一无二的呀，那到底怎么样才算是完美呢？于是他东看看，西看看，最后拣了一片完整的、干干净净的树叶回去见师父。师父笑而不语。

另一个小和尚想，这么多的树叶要找一片最完美的，那多困难呀，不过师父交代的事情一定要办好，可不能像他那样随便找一片叶子回去交差呀！于是便认认真真地找了起来。可是他找了很久，最后却空着手回去见师父。师父同样淡淡地一笑。然后，师父便问那个拣回树叶的徒弟：你拣回的这片树叶是最完美的吗？徒弟答道：是的，虽然我并不知道师父您说的完美到底是怎么样的，但是在我看来，这样的树叶已经算得上最完美了。师父点头微笑，然后又问那个空手而归的徒弟：你一片也没有找到吗？那徒弟回答道：师父，我在树林里找了很久，可是没有一片树叶称得上最完美呀！

最后，师父将寺院交给了那个拣回树叶的徒弟。

是的，两个徒弟都没能找回最完美的树叶，可是第一个徒弟却拣了自己认为最完美的树叶交给师父。正如他所想，每一片树叶都是独一无二的，那到底怎样才算是完美呢？其实关键就是看自己怎么认为，而不应该顾及他人心中的定位。如果你认为是最完美的，那它就是最完美的。这一点在师父看来，是一种平常心，一种禅心。用一个佛教术语那就是——慧根。师父需要的，就是这一颗平常心啊！

生活中，也总是有许许多多这样的树叶，来迷惑你的眼睛，让你不知道如何抉择，诸如名利，诸如金钱。面对这样一些诱惑，保持一颗平常心，从从容容、踏踏实实地走那属于自己的人生道路。就算身处于霓虹闪烁的闹市，依旧可以悠闲、愉悦地踱步，仿若漫步云端。摒弃了良好到天上去的自我感觉，平静地面对生活中的一切不如意，浮躁渐趋平静，紊乱变得有序，心态日趋平和，恬淡写意若云卷云舒，顷刻间阴霾散尽，脸上绽出阳光般的笑容。

1918年8月19日，风流才子李叔同离妻别子，悄然遁入空门，法号"弘一"。读过弘一大师传记的人，大概都不会忘记他是以怎样珍惜和满足的神情面对盘中餐的："那不过是最普通的萝卜和白菜，他用筷子小心地夹起放在嘴里，似在享用山珍海味。正像他的好友、现代学者夏丏尊先生所说：在他，什么都好，旧毛巾好、草鞋好、走路好、萝卜好、白菜好、草席好……"

"惜衣惜食，非为惜财缘惜福；爱人爱物，到了方知爱自己。"以惜福的心态度过生命中的每一天，怎能不生知足、安详、欢愉、幸福之感呢？

宁静来自内心，勿向外寻求。身放闲处，心在静中，云中世界，静里乾坤。所谓触目菩提，在于自己心境而已。一个人的心如果澄净了，就日日是好日，夜夜是清宵，处处是福地。

　　真正的智者不是那些懂得机械智巧的人，而是在死亡面前保持洒脱的人；真正的勇士不是那些怒发冲冠的人，而是对人生有彻底清醒态度的人！

　　生活中的许多事情都不是我们能够左右的。对自己太过苛求只会增加自己的心理压力，使自己难得开心。与其没有快乐地活着，倒不如用一颗平常心来面对人生中的风雨，只要尽心尽力就可以了，结果如何我们可以不去在意。真实的自我能够在整个过程中感受到快乐就是最好的回报。

　　人，只有做到了宠辱不惊、去留无意方能心态平和，恬然自得，方能达观进取，笑看人生。

　　的确，这是一个充满诱惑的时代，香车美女、豪宅别墅、喧嚣尘世的社会，抵制诱惑需要非同一般的定力。生活在流光溢彩的大千世界里，每个人似乎都难以抑制那颗躁动的心。而拥有一颗平常心，才能让我们在面对诱惑时仍能一笑置之，让诱惑变淡，变无。

人生短短数十年，别为名利所累

邹韬奋说："一个人光溜溜地到这个世界来，最后光溜溜地离这个世界而去，彻底想起来，名利都是身外之物，只有尽一人的心力，使社会上的人多得到你工作的裨益，才是人生最愉快的事情。"名利是一种通"病"，从人类文明开始至今，世人都与名利结下了不解之缘，有的人一味地追名逐利，成为名利的俘虏；有的人则善待名利，在名利场上游刃有余。名利不是罪恶，人们应该把握住自己的心，不沉沦于名利。

音乐家鲍伯·迪伦在自己的回忆录中写道："我花了很长时间追求名利，但它就像一个装满了风的袋子。直到它已完全漏光之时，我才发现它在流失。"这是我们听到的人生最美的哲言。而于右任先生"计利当计天下利，求名应求万世名"的名利观，更因其襟怀广阔而值得我们记取。

汉朝文帝时，天下初定，百废待兴，君臣为此同心协力。一日早朝，汉文帝发现丞相陈平没上朝，便问何因，太尉周勃禀告说丞相是因病不能上朝。文帝心中暗想，昨日还好好的，今日怎么就生病了呢？于是，退朝后，他决定去陈平家中一探究竟。见文帝亲自来探病，陈平既感动又惭愧，便向文帝道出实情。原来陈平想将相位让于周勃，因周勃在缴灭吕氏反叛集团中功劳比自己大得多。文帝本来不知道消灭诸吕的细节，今日听了陈平的解释，才知周勃立下了大功，便同意了他的请求，任命周勃为右丞相，位居第一；任陈平为左丞相，位居其次。

不久之后，一天早朝时，文帝问右丞相周勃："现在一天全国被判刑的有多少人？"

周勃答曰不知。文帝又问："全国一年的钱粮有多少，收入有多少？支出有多少？"周勃还是语塞，文帝有些不悦。转而问左丞相陈平。陈平不慌不忙地说："您要想了解这些情况，我可以给您找来掌管这些事的人。"汉文帝更不高兴了，生气道："既然什么事都各有主管，那么丞相应该管什么呢？"

陈平回答："每个人的能力是有限的，不能事无巨细，每事躬亲。丞相的职责，上能辅佐皇帝，下能调理万事，对外能镇抚四夷、诸侯，对内能安定百姓。丞相还要管理大臣，使每个大臣能尽到自己的责任。"汉文帝听了此言，觉得甚是，先前的不悦立即消除了。

此时的周勃，对陈平是既感激又佩服。同时他也做出了一个决定，那就是将丞相之位让于陈平，因为自己是一介武夫，在辅佐皇帝和处理国政方面的才能比起陈平差远了，为了国家百姓，江山社稷，自己理应让位。于是，几天之后，周勃便称病向文帝提出辞呈。汉文帝批准了周勃的辞呈，任命陈平为丞相，并不再设左丞相。在陈平的尽心辅佐下，文帝终于促成了汉朝中兴。

古代的丞相是何等职位，一人之下，万人之上的尊贵。可这样的权势、地位却没能让陈平和周勃迷恋。他们觉得对方比自己有才而相互推脱，这样的胸襟、气魄让人敬佩。这样视名利如粪土的态度实在叫人折服。

这样的人明白在辉煌中要淡泊，将耀眼的荣耀视如缥缈云烟；他们不会因事业的如日中天而迷醉，也不为台下的掌声而忘形，更不会和任何人去争那所谓的名利。如此这般之后，他们却恰恰能让自己永远立于不败之地。

一天，居里夫人的一个朋友到她的家里做客。忽然朋友看见居里夫人的女儿正在玩英国皇家协会刚刚颁发给她的一枚金质奖章。朋友不禁大吃一惊，忙问："居里，你怎么能给孩子玩这么珍贵的奖章呢？它是极高的荣誉呀！"

居里夫人笑笑说："我是想让孩子们从小就知道，荣誉就像是玩具，只能玩玩而已，绝不能永远守着它，否则，就将一事无成！"

"荣誉就像是玩具。"可以有，但不能把它当作你炫耀的资本。正因为这样，居里夫人才能够在科学的领域里一直不停地探索、发现。也正是因为有了这种视名利为粪土的态度，她才能一直保持朴实的态度面对生活、面对工作，并终成一代伟大的科学家，为世人所敬仰。

名利如同天上的浮云，生不带来，死不带去。古往今来，多少人又总是在积极地追寻它的足迹，甚至不惜为了名利，抛妻弃子，散尽钱财也要得到。可是得到后又怎样了呢？过分地追逐名利，只会为名利所累，最终让人栽倒在名利场，万劫不复。

人生，热爱名利没有错误，可是如果只是为了名利而工作就是最大的荒谬。张爱玲早年曾经说过："出名要早呀！来得太晚的话，快乐也不那么痛快。"但成名须有道，张爱玲被我们记住，不是因为她的名气，也不是因为她显赫的家庭背景，而是她的作品经受住了历史的考验，她的作品有着超越时代的价值。

人应该学会顺其自然地、平淡地看待名利，得之无喜色，失之无悔色。什么都想得到的人，结果可能什么都得不到。一个平淡对待自己生活的人，却可能会意外地得到惊喜。

人生短暂几十年，赤条条来，又赤条条去，何必物欲太强，贪占身外之物？"身外物，不奢恋"是思悟后的清醒。它不但是超越世俗的大智慧，也是放眼未来的豁达襟怀。谁能做到这一点，谁才能够活得轻松，过得自在。

人只有看淡名利，才不会为其所累，才能保持心灵的纯净，才能在人生的沉浮中，让自己超然物外，让生命更加炫目。

始终做自己，不偏离人生的航向

生活中的我们，总是在不停地奔忙。为着家庭，为着生活，为着各种各样的理由。我们总是奔忙于都市的霓虹与喧闹中，奔忙于各种人际关系与名利场中。我们被生活不停地驱赶着前进，却忘记了自己原本要去的方向，待回头时才发现早已偏离轨道太远太远。

据《左传·襄公十五年》记载：

有一宋国人得到一块玉，献给子罕，企图得到提拔。子罕不收，献者解释道："这块玉堪称国宝，我才敢拿来献给大人。"子罕回答道："我以不贪污受贿为宝，你却以玉为宝，咱俩的志趣不相投啊。如果你把这块玉送给我，那么，你和我心中的宝物都会丢失。"说完，子罕便让人把他轰了出去。

庄子晚年常在濮水河畔钓鱼。一天，庄子又来到濮水河畔，刚坐下不久，两名楚威王派来的大夫就找到了庄子，并对庄子说："大王听说你是个贤明的人，想把国家的政事托付于你，请你回去！"

庄子看了看手里的渔竿，头也不回地说："我曾经听说楚国有一只神龟，已经死了三千年了，大王用锦缎把神龟包好放在竹匣中珍藏，而且把竹匣放在宗庙的堂上。我想请问你们，你们说这只神龟是宁愿死去为了留下骨骸而显示尊贵呢？还是宁愿活在烂泥里拖着尾巴爬行？"

两位大夫异口同声地说："我想神龟是宁愿活在烂泥里拖着尾巴爬行的。"

庄子笑了笑说："回答得很好，你们走吧！我宁愿像神龟一样在烂泥里拖着尾巴活着。"

世人大都为了功名利禄而奔波劳碌，而且乐此不疲。庄子却可以放下眼前的大好机会，不愿在朝为官，为的是拥有人生的自由，独享属于自己的那份清净。

坚持走自己的路，无论世事如何变化，永远保持内心的那份坚定，才能在这个浮华的人世中始终保有自我，始终做自己，不以物喜，不以己悲。

徐特立的名字曾令亿万人尊敬，这不仅因为他曾是毛泽东的老师，而且在于这位老战士一生追求理想从不为金钱折腰。徐特立赴法国留学后，积极支持进步学生组织。国内军阀为了笼络他，通过使馆告之可给一个"赴法考察"的名义，每年"补贴"1000块大洋的薪俸。徐特立对此嗤之以鼻，仍在钢铁厂勤工俭学，终日粗米布衣，不识者多以为是伙夫。不难想象，金钱对于处在饥寒交迫中的留学生来说有多大的诱惑力，而在徐特立面前，1000块大洋却不过如此，仍旧抵不过自己心中的信仰。

金钱，几乎人人都爱，但古人有云：君子爱财，取之有道。像这样把金钱和机遇同时捧到你面前却仍可以做到心如止水的人真是不多见的。

坚持走自己的路，才能在知道自己要什么的时候，平淡地看淡生活中的得失。走自己的路，才能不以外物所扰，不被人言束缚。

美国一家公司的总裁在被人问及是否对别人的批评很敏感的时候回答说："是的，我早年对这种事情非常敏感。我当时急于要使公司里的每一个人都认为我非常完美，要是他们不这么想，我就会很忧虑。只要哪一个人对我有些怨言，我就会想方设法去取悦他。可是我所做讨好他们的事情，总会使另外一些人生气。然后等我想要弥补这个人的时候，又会惹恼了其他一些人。最后我发现，我越想去讨好别人以避免别人对我的批评，就越会使批评我的人增加。所以，最后我对自己说：只要你在工作就一定会受到别人的批评，所以还是趁早不去考虑这些为好。这一点对我大有帮助。从那以后，我就决定尽我最大能力去做我该做的事情，而不去关注如何改变别人的看法。"

一个人活着的目的不是要让别人认可，而是发现、创造和享受自己的快乐，享尽人生的年华，这才是一个人的真实价值所在，人只有这样活着的时候，活得才有意义。反之，人就会淹没在无法得到别人的认可的烦恼中。

生活中，我们总是不知不觉地被他人的想法左右着，想要得到他人的认可和接受，却总是不能满足所有人的愿望。于是，我们活得越来越累，越来越心力交瘁。殊不知，自己的人生应该是为自己而活的，总是在意别人的看法，无疑是在为别人而活，而不是在享受自己的生活。

走自己的路，却也不是盲目地一意孤行。走自己的路，只是在坚持自己是对的前提下，认真地做自己，做到不被他人的想法左右，做到不活在别人的眼光里。走自己的路，不是一味地闭目塞耳，遇到好的建议要听取，好的指正要修改，好的方法要吸收，并在汲取了这些丰富"养分"以后能够更加完善自己。

走自己的路，才能够在面对宝物时心不为宝物所动；走自己的路，才能够在面对名利的召唤时能淡然拒之；走自己的路，在面对金钱的诱惑时自己才能够处之泰然；走自己的路，才能够始终知道自己要的是什么，自己的信仰是什么，什么对自己是好的，什么是自己应该拒绝的；走自己的路，才能始终做自己，不偏离人生的航向。

留点时间给自己，留点空间给心灵

生活在现代，随着科技越来越发达，信息的通畅，生活的便捷，我们的生活也总是被太多原本不重要的东西占据。电脑、电视、电话、上网、聊天、QQ……我们的生活总是被外物占得满满的，却忘记了留点时间给自己，留点空间给心灵。

人们总是问佛陀："佛死了到什么地方去呢？"

刚开始，佛陀总是微笑着一句话也不说。但当人们问得多了，为了满足人们的好奇心，佛陀就对他的弟子说："拿一支小蜡烛来，我会让你们知道佛死了到什么地方去。"

弟子急忙拿来蜡烛，佛陀说："把蜡烛点亮，然后拿过来。"

弟子把蜡烛拿到佛陀面前，用手遮掩着，担心风把蜡烛吹灭了。佛陀却训斥道："为什么要遮掩呢？该灭的自然会灭，遮掩是没有用的。就像死，同样也是不可避免的。"

于是他就吹灭了蜡烛，问："有谁知道蜡烛的光到什么地方去了？它的火焰到什么地方去了？"

弟子们你看我，我看你，谁也说不上来。

佛陀说："佛死就如蜡烛熄灭，蜡烛的光到什么地方去，佛死了就到什么地方去。和火焰熄灭是一样的道理，佛陀死了，他就消灭了。因为他是整体的一部分，他和整体共存亡。火焰是个性，个性存在于整体之中，火焰熄灭了，个性就消失了，但是整体依然存在。不要关心佛死后去哪里了，他去哪里并不重要，重要的是如何成为有佛性的人。"

是的，人生在世，又何必多花心力去在乎那些根本就不重要的事！

给自己的人生留点空白有何不好？何必事事都要看得明白、透彻，就算看明白了又如何，事物的变化发展甚至生死都是不可改变的，所以，我们也无须为此牵挂，人最应在意的是自己的心。

给人生留点空白，就是不要祈求太多，太多了，生命就会显得过于沉重，就会感到人生因缺少遗憾而懒于去追求；不要祈求太多，太多了，人生就会显得过于臃肿，就会感到所拥有的一切都是负累，因无法带得动而终生不能轻松。因此，给生命留些空白吧，也许人生会变得更精彩！

空白的墙是空的吗？

答案：不一定。

巴黎罗浮宫内的那面空白的墙就曾吸引过数以十万计的游客——因为就是在这面墙上曾悬挂着达·芬奇的《蒙娜丽莎》！可是，天有不测风云，1891 年的一天，这幅名画却被人偷走了。从那天起，这面空墙前反而变得人流如织，人们久久地看着这堵空墙，感叹着，猜测着，愤怒着，遗憾着。据统计，两年来在空墙前驻足流连的人竟然超过了过去 12 年前来观赏名画的人数的总和！

很多的时候，我们需要给自己的生命留下一点空隙，让心与心之间能有一个可以交流的空间，随时审查自己，进退有据。

在如此纷繁复杂的世界和物欲横流的社会里，人们的心也异常浮躁与焦灼，成败与得失萦绕于心头，使他们惶惶不可终日。懂得给自己的人生留点空白，不要让生活的重负愚钝了我们的感官，不要让生命的沉重麻木了我们的心灵。给我们的生命留点空白，只有保持敏感的生活触角，坚守诗意的生活态度，追求文化的生活品位，才会有生活的质量、生命的精彩。

人是感情动物，有喜有悲，有爱也有恨。给自己留点空白，会使心灵更畅快地呼吸。当你得意时，留点空白给思考，莫让得意冲昏头脑；当你痛苦时，留点空白给安慰，莫让痛苦窒息心灵；当你烦恼时，留点空白给快乐，烦恼就会烟消云散；当你孤独时，留点空白给友谊，真诚的友谊是第二个自我。人就是这样，痛苦可以忍受，但绝对不能灰心、低头、停止不前。当生活把你逼近狭窄的小路，留点空白，留点光亮给心境，就会变小路为宽广大道。

懂得给自己的人生留空白，就像画上的空白也是艺术的一部分；就像楼与楼之间的绿地，绿地也是社区景致的一部分一样。懂得给自己的人生留空白，才能在这个越来越浮躁的社会中，始终保持一颗不为外物所扰的心，才能在人生这条道路上越走越远，越走越顺畅。

人生一世，对有些事情不需要刻意去面对，更不需要费心去思考其细节，给人给己留更多的空白和余地，留更多的灵气，才会快乐、幸福地度过一生。

宠辱不惊，淡看人生起落

金庸在他的武侠小说里写了这样一句话："宠辱不惊，看庭前花开花谢；去留无意，望天边云卷云舒。"一直以来这都为大多数人追求的至高境界——身处红尘之中，超然于物外，看淡人生起落，做一个旷世高人。

洞山禅师感觉自己即将离开人世了。这个消息传出去以后，人们从四面八方赶来，连朝廷也派人来。

洞山禅师走出禅院，脸上洋溢着净莲般的微笑。他看着满院的僧众，大声说："我在世间沾了一点闲名，如今躯壳即将散坏，闲名也该去除。你们之中有谁能够替我除去闲名？"

殿前一片寂静，没有人知道该怎么办，院子里只有沉静。

忽然，一个前几日才上山的小和尚走到禅师面前，恭敬地顶礼之后，高声说道："请问和尚法号是什么？"

话刚一出口，所有的人都投来埋怨的目光。有的人低声斥责小沙弥目无尊长，对禅师不敬，有的人埋怨小沙弥无知，院子顿时闹哄哄起来。

洞山禅师听了小和尚的问话，大声笑着说："好啊！现在我没有闲名了，还是小和尚聪明呀！"于是坐下来闭目合十，就此圆寂。

小和尚眼中的泪水再也止不住流了下来，他看着师父的身体，庆幸在师父圆寂之前，自己还能替师父除去闲名。

过了一会儿，小和尚立刻就被周围的人围了起来，他们责问道："真是岂有此理！连洞山禅师的法号都不知道，你到这里来干什么？"

小和尚看着周围的人，无可奈何地说："他是我的师父，他的法号我岂能不知?"

"那你为什么要那样问呢?"

小和尚答道:"我那样做就是为了除去师父的闲名!"

人世间，总有那么多的诱惑，那么多的功利来迷惑世人。功名、富贵也许是一些人一生所追求的，但若被这些物欲迷住了眼睛，将会失去前进的方向及做人的原则。

现代人总是为形役使，为物牵绊，为性困囿，对荣华富贵，名闻利养，拼命追求，苦心劳神，不知疲倦。而当岁月逝去，蓦然回首，却发现一切不过是一场空，这是何等的凄凉境界。

《菜根谭》中这样说:"此身常放在闲处，荣辱得失谁能差遣我;此身常放在静中，是非利害谁能瞒昧我。"意思是，经常把自己的身心放在安闲的环境中，世间所有的荣华富贵和成败得失都无法左右我，经常把自己的身心放在安宁的环境中，人间的功名利禄和是是非非就不能欺骗蒙蔽我。

《儒林外史》中的那个范进，一生醉心功名富贵，考了二十多场，到五十四岁胡子都花白了，才中了个举人。这本来已是耻辱，绝对算不上得意，但他还是忘形了，因"欢喜狠了，痰涌上来，迷了心窍"，直至发疯。若不是他老丈人胡屠户那一记响亮的耳光，还清醒不过来!那位与范进同名不同姓的周进。他苦读了半个多世纪的书，年过花甲仍是一个没有任何功名的老童生。有一次，他进省城看到了贡院，想起自己一辈子在考场上的失意与屈辱，竟痛不欲生地一头撞到贡院的号板上，"口里吐出鲜血"，差点儿一命呜呼。若不是旁边有人看他可怜，答应花钱替他捐个"监生"，他就在那儿了此一生了!

我们总被生活中的太多东西所迷惑:令人垂涎的权势，迷人眼球的金钱，以及无尽的欲望。宠辱不惊是一种境界，说起来轻松，可是真的要进入这种境界却不容易。我们都是凡夫俗子、草根百姓，红尘的多姿、世界的多彩令大家怦然心动，名利皆你我所欲，又怎能不忧不惧，不喜不悲呢？否则也不会有那么多的人穷尽一生追名逐利，更不会有那么多的人失意落魄、心灰意冷了。

生活中，却并不只有功和利。尽管我们必须去奔波赚钱才可以生存，尽管生活中有许多无奈和烦恼，但只要我们拥有淡泊之心，量力而行，坦然自若地去追求属于自己的真实，做到宠亦泰然，辱亦淡然，有也自然，无也自在，如淡月清风一样来去不觉，生活就会变得很轻松。

况且，世间一切物都是一时借用的，生不带来死不带去，实际什么都不曾拥有。生活中的那些"闲名"，也只不过是过眼云烟。如能解开虚名的心结，去除自我执念，便能心无挂碍，达"究竟涅槃"之境界。生死乃自然之道，富贵则是人为的迷障。能斩断欲望，便有一生的喜乐。

在平淡中找回迷失的自我

世间之人，总在尘世间寻找与追忆。寻找那始终未得的，追忆那已然逝去的，却忘记了着眼当下，体味当下平淡日子中的真幸福。

一对老夫妇初谈恋爱是在 1967 年元月，当时全国一片混乱。那时候，粮店里的米，副食店里的肉、豆腐，百货店里的肥皂、布匹以及煤铺里的煤等生活物资均要凭票供应，普通人家的生活清苦至极。男方的家在城郊的小菜园里，用现在的话来说，那里是当地的蔬菜基地。

女孩第一次"访地方"（当地将女方到男方家里去了解情况称为"访地方"）时，男方留她和媒婆吃午饭。菜很简单，只有两道：几个荷包蛋外加一碗萝卜丝。其中，那几个鸡蛋是向邻居借的，萝卜则是自己种的。

在回家的路上，媒婆说男方人穷又小气，劝女孩不要嫁过来。女孩却说男方煮的萝卜丝很好吃，说明他很能干。

过了一段时间，当女孩再次来找男孩时。男孩刚好捉了一些鲫鱼。招待女孩的菜仍然只有两道，除了油煎鲫鱼外，还有一碗红烧萝卜。吃饭时，女孩称赞男孩的萝卜做得很有特色，并说自己很喜欢吃萝卜。男孩说："是吗？你下次来我请你吃另一种口味的萝卜。"在后来的交往中，女孩尝尽了男孩所制的不同口味的萝卜：清炒萝卜、清炖萝卜、白焖萝卜、糖醋萝卜、麻辣萝卜、萝卜干、酸萝卜……

再后来，女孩就成了这些萝卜的俘虏，嫁给了男孩。当有人问老太太当初为何不嫁给那些有条件煮肉、炖鸽、杀鸡、烧鱼的男人，却嫁给只会烹饪萝卜的人时，老太太说："当时我认为，一个男人，在那种清贫的日子里竟能够把一种普通的萝卜烹饪出甜酸苦辣咸等几种不同的味道，实在令我大饱口福、弥久难忘，我想他同样能够将清贫的日子过得有声有色。谈婚论嫁，既要注重眼前，更要注重将来。如今我和他结婚已30多年了，你看我们吵过几次架？更不像某些人那样动不动就闹离婚。日子虽然过得平淡了一点，但平淡中更能见真情！"

老人们常说："人，健健康康就是福；平平淡淡才是真。"如水的日子，只有在平淡的生活中才能得见幸福的真谛。

人，应该要惜福并且知足。有时候，一顿可口的晚餐，一句简单的问候，一张温馨的卡片，或者一首甜美的小诗，都是生活中常见的事物——这些东西虽然朴实，却足以能够满足我们的心，让我们感受到生活的幸福。

"莲花不着水，日月不住空。"人的心灵，若能如莲花日月，超然平淡，无分别心、取舍心、爱憎心，那么，便能获得快乐与祥和。

有一位老和尚，每天天蒙蒙亮的时候，就开始扫地，从寺院扫到寺外，从大街扫到城外，一直扫出离城十几里。天天如此，月月如此，年年如此。小城里的年轻人，从小就看见这个老和尚在扫地。那些做了爷爷的，从小也看见这个老和尚在扫地。老和尚虽然很老很老，就像株古老的松树，不见它再抽枝发芽，可也不见再衰老。

有一天老和尚坐在蒲团上，安然圆寂了，可小城里的人谁也不知道他活了多少岁。过了若干年，一位长者走过城外的一座小桥，见桥上镌着字，字迹大都磨损，长者仔细辨认，才知道石上镌着的正是那位老和尚的传记。根据老和尚遗留的度牒记载推算，他活了137岁。

有人说，这是传说；也有人说，这是真事。有无此事，其实并不重要。重要的是，它能使人悟出平淡对人心所做的净化。

在平淡的日子里，我们才能够保持自己一颗宁静、淡然的心，这也是老和尚获得长寿的秘诀。

平淡的生活，不是如佛家推崇的脱离红尘，置身事外；也不是庄子主张的"绝圣弃智，擢乱六律"，而是以一种淡然的心境宽待生活，在"风烟俱静，天山共色"的悠然襟怀中，体会"天凉好个秋"的情怀。

平淡的生活，也不是凡事无争，敷衍生活，而是心平气和地从事你的工作与生活。独处斗室时，你思绪千载神游万仞，在书林学海中徜徉忘神；挚友相聚时，你舌灿莲花触处逢春坦荡磊落，在亲情与友情中怡然自得；就是在平凡的家庭生活中，你也能因爱人的唠叨而如坐春风，因孩子无理由的哭泣而快慰不已。甚至最单调的锅碗瓢盆交响曲，你也完全可以换个角度去欣赏它。

总之，在越来越复杂的现代社会，保持平淡、质朴的生活是一种人生的大境界。人一旦把生活复杂化，往往会被灯红酒绿所迷，为名利权势所惑，为金钱美色所扰，为人际关系所困。眼下，有些人活得太累，往往在于城府太深，欲望太多。我们太在意仕途上的荣辱得失、物质上的富足、同事间的摩擦……若能把这些看淡、看透，怎么会有那么多烦恼和忧愁？

平淡的生活能帮助我们重新找到迷失了的自我，恢复为利欲蒙蔽的本性，使我们多一份诗意，多一份潇洒，多一份平和，多一份自我欣赏与肯定！

喧嚣世界中，看淡人生的得失

鲁迅先生早年曾写过一首诗，其中有两句话是："度尽劫波兄弟在，相逢一笑泯恩仇。"这一笑包含了多少沧桑和宽容。人生短短几十年如同行云流水，要珍惜生命。看淡人生的得失，这样生活才会有境界，才不会太累。

俄国著名作家契诃夫在小说《小公务员之死》中，写了一个小公务员坐在某个将军的后排看戏，不慎打了一个喷嚏。打喷嚏本来就是人的正常生理反应，穷人打喷嚏，富人也打喷嚏，罪犯打，警察也打，并没有什么特别的。这个小公务员起先没觉得有什么不妥，但当他看到坐在他前面第一排座椅上的那个小老头是三品文官布里扎洛夫将军，他有些慌了。将军正用手套使劲擦他的秃头和脖子，嘴里还嘟哝着什么。

小公务员认为自己的喷嚏可能溅着将军了，然后就开始如祥林嫂絮叨那般不停地道歉。将军在看戏时被他搅得烦躁不已。幕间休息时，他还在锲而不舍地道歉，将军回答他："哎，够了！我已经忘了，您怎么老提它呢！"

小公务员却不依不饶，散戏后又登门道歉，搞得将军莫名其妙，终于在大怒之下将他赶出了大门。小公务员误认为将军还不宽恕自己，最终在惊吓与懊丧中抑郁身亡。

一个喷嚏搞得自己终日惶恐，最终丢了性命，这或许是文学的虚构，不过，在现实生活中，类似为了一丁点儿小事惴惴不安的人还真不少见。

生活中，我们总为了自己无心的一句话对对方造成伤害而耿耿于怀；总是为没得到别人的认同而独自苦恼；总是为还没来到的事情而忧心忡忡。

其实，很多事情，船到桥头自然直，与其在这里终日苦闷还不如淡然一笑，静观人生。

《老子》中曾讲："祸兮福之所倚，福兮祸之所伏。"意思是祸与福互相依存，可以互相转化。比喻坏事可以引出好的结果，好事也可以引出坏的结果。这就如同得失一样，得中有失，失中有得，有时得失的转换可能就在一线之间，厄运之后方可见幸运。

画家尤利乌斯是一个很快乐的人，他的画很不错，可是就是卖不出去。这让他想起来会有些伤感，但只是一会儿。

他的朋友劝他："玩玩足球彩票吧，只花 2 马克就可以赢很多钱。"于是尤利乌斯花 2 马克买了一张彩票，并真的中了彩，赚了 50 万马克。

朋友对他说："看看，你多走运啊！现在你还经常画画吗？"

尤利乌斯笑道："我现在就只画支票上的数字！"

尤利乌斯买了一幢别墅并对它进行了一番装饰。他很有品位，买了很多东西：阿富汗地毯、维也纳柜橱、佛罗伦萨小桌、迈森瓷器，还有古老的威尼斯吊灯。

尤利乌斯很满足地坐下来，点燃一支香烟，静静享受他的幸福。突然他感到很孤单，便想去看看朋友。他在原来那个石头画室里习惯把烟蒂往地上扔，这次也是同样一扔，然后就出去了。

燃着的香烟静静躺在华丽的阿富汗地毯上……

一个小时后，别墅变成了火的海洋，完全烧毁了。

朋友们很快知道这个消息，都来安慰尤利乌斯。"尤利乌斯，真是不幸啊！"他们说。

"什么不幸啊？"他问。

"损失啊！你现在什么都没有了。"朋友说。

"什么呀？不过是损失了 2 个马克。"尤利乌斯答道。

画家的习惯是有害的，而画家的心态是有益的。坏习惯可以改，教训越是深刻越容易改掉，而不以物喜不以己悲的达观心态却非一时就能养成。

一笑泯得失是生活中的大智慧的境界。许多时候，我们浮躁的心情总是如喧嚣的世界一样，纷乱中难以静心歇息。不是风动也不是幡动，而是心动。把一切看得淡然些，把得到和失去看得平淡些，在自己力所能及的领域里过着平凡的生活，不因优势而张扬，不因劣势而失意，淡然地看待一切才是生活的根本。